计算机系列教材

U0324289

崔贯勋　主编

物联网
高级实践技术

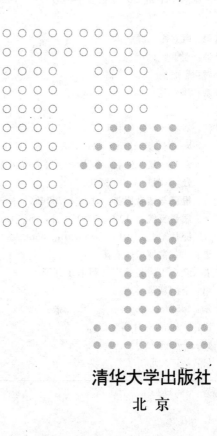

清华大学出版社

北　京

内 容 简 介

本书主要内容包括嵌入式网关基础实验、ZigBee 传感网实验、蓝牙传感网实验、WiFi 传感网实验、射频识别传感网实验、GPRS 传感网实验、物联网网络通信和物联网开发应用综合实训。每章包括若干个实验，而每个实验都有实验目的、实验所需的设备、实验要求、实验原理、实验步骤和实验范例。

本书的特点是内容新颖、技术成熟和模块化组织实践内容。本书的每一个模块内容反映的都是与物联网相关的最新且关键的技术，相关的技术已经由国家高新技术企业应用于物联网实验教学设备的研发，研发出的设备也已成为许多高校的物联网实践教学平台。

本书可作为高等院校物联网工程、传感网技术及相关专业的实验教材，也可作为从事物联网技术研究、物联网应用系统开发和物联网工程系统集成的相关人员的参考书。

图书在版编目（CIP）数据

物联网高级实践技术/崔贯勋主编.--北京：清华大学出版社，2014

计算机系列教材

ISBN 978-7-302-36247-0

Ⅰ．①物…　Ⅱ．①崔…　Ⅲ．①互联网络－应用－高等学校－教材 ②智能技术－应用－高等学校－教材　Ⅳ．①TP393.4 ②TP18

中国版本图书馆 CIP 数据核字（2014）第 076286 号

责任编辑：白立军　顾　冰
封面设计：常雪影
责任校对：焦丽丽
责任印制：刘海龙

出版发行：清华大学出版社
　　　　　网　　　址：http://www.tup.com.cn，http://www.wqbook.com
　　　　　地　　　址：北京清华大学学研大厦 A 座　　　　　邮　　编：100084
　　　　　社 总 机：010-62770175　　　　　　　　　　　邮　　购：010-62786544
　　　　　投稿与读者服务：010-62776969，c-service@tup.tsinghua.edu.cn
　　　　　质量反馈：010-62772015，zhiliang@tup.tsinghua.edu.cn
　　　　　课件下载：http://www.tup.com.cn，010-62795954
印 刷 者：北京富博印刷有限公司
装 订 者：北京市密云县京文制本装订厂
经　　销：全国新华书店
开　　本：185mm×260mm　　印　张：16.75　　　　　字　　数：418 千字
版　　次：2014 年 5 月第 1 版　　　　　　　　　　　印　　次：2014 年 5 月第 1 次印刷
印　　数：1～2000
定　　价：34.50 元

产品编号：056472-01

前 言

物联网被称为继计算机和互联网之后的第三次信息化产业革命性发展的浪潮。美国将物联网上升至国家战略,欧盟发布了物联网战略研究发展蓝图,日本把物联网发展鲜明地写在国家通信发展策略中,韩国树立了通过构建世界最先进的物联网基础设施,打造未来广播通信融合领域超一流强国的目标,我国也将物联网上升为重要的战略性新兴产业。2009年8月7日,温家宝总理在江苏无锡提出"加快推进传感网发展"、"尽快建立中国的传感信息中心",此后称为"物联网"的这一科技新宠迅速引起了社会各产业界、学术界的高度关注和广泛重视。2010年6月7日,胡锦涛总书记在中国科学院第十五次院士大会、中国工程院第十次院士大会上发表重要讲话,指出"要抓住新一代信息网络技术发展的机遇,创新信息产业技术,以信息化带动工业化,发展和普及互联网技术,加快发展物联网技术"。

经过反复讨论,本书编写团队整理了大量和物联网相关的实验。考虑到引导广大读者迈入物联网实验神圣殿堂的需要,并为物联网相关技术的深入研究奠定基础,本书首先着重介绍相关开发环境建立、软件开发、程序调试、实验原理等基础知识,然后立足当前国内外厂商的主流芯片及实现方案,精心设计45项实验,并将具体的实验过程、实验代码等通过配备内容丰富的配套资料呈现出来。

为了能够尽量全面展示物联网不同层面的技术核心,本书为物联网的技术层面设计了嵌入式网关基础实验、ZigBee传感网实验、蓝牙传感网实验、WiFi传感网实验、射频识别传感网实验、GPRS传感网实验、物联网网络通信这7个主题共计45个实验。另外,本书还结合自习室节能控制、智能无线报警、门禁考勤、图书管理等领域的具体应用需求,给出了基于物联网的一些综合演示实验以及应用演示系统,为读者开发物联网应用解决方案提供思路。本书作为物联网工程、传感网技术等相关专业的实验教材,主要特色如下:

(1)针对性强。本书适合作为高等学校物联网工程、传感网技术相关专业的专业课程实验教材,将物联网涉及的核心技术按照技术分类设置实验内容,所有实验均是当今物联网主流技术的实验。每个实验都附有实验目的、实验设备、实验要求、实验原理、实验步骤和范例路径等,并配备有完善的实验所需的素材。

(2)教学理念有创新。本书可采取模块抽取方式教学,每个学校可以按照自身专业课程设置和课时安排来灵活地从我们提供的各类技术中选取部分进行讲解。

(3)内容新、技术成熟。本书的内容反映的都是物联网的最新技术,编写人员都是高校物联网工程专业从事专业课程教学的教师,他们既精通理论又精通实践。

本书由重庆理工大学的崔贯勋负责组织安排,并完成了第1章、第2章、第3章、第7章和第8章相关内容的编写。重庆理工大学的王柯柯、何亚辉、倪伟和陈园园共同完成了剩余内容的编写。

物联网具有很强的实践性,要想熟练地掌握这些实验技术,实验操作是非常重要的环节。本书编写过程中参考了北京凌阳爱普科技有限公司的综合物联网实验箱实验指导、物联网开发设计平台实验指导和RFID原理机实验指导等技术资料,其所有实验项目涉及的设计方案、软件平台、源代码等都在北京凌阳爱普科技有限公司生产的物联网多网技术教学科研平台等设备上验证通过,并在配套资料中一并提供。另外,读者还可以通过电子邮件(cgx@cqut.edu.cn)与我们沟通。物联网技术是新兴的技术,在近几年获得了飞速发展,本书也将随时更新相关内容,以便与最新技术保持同步,使读者能够循序渐进地掌握物联网各层次的开发技术,为以后更深层次的理论研究和应用实践打下坚实的基础。

需要指出的是,物联网领域的研究尚处于起步阶段,其硬件平台和技术方案也千差万别,因此要编写一个全面完善的实验教程非常困难。由于作者水平有限,书中疏漏甚至错误之处在所难免,希望广大读者批评指正。

编　者

2013 年 10 月

目　录

第1章 嵌入式网关基础实验

实验 1.1 嵌入式开发环境搭建实验

【实验目的】

(1) 掌握嵌入式 Linux 开发的流程。

(2) 熟悉嵌入式 Linux 的环境搭建。

【实验设备】

(1) 装有 Linux 系统或装有 Linux 虚拟机的计算机一台。

(2) 物联网多网技术综合教学开发设计平台一套。

(3) miniUSB 线一条。

(4) JTAG 线一条。

(5) 串口线或 USB 线(A-B)一条。

【实验要求】

(1) 熟练掌握嵌入式 Linux 的开发流程。

(2) 熟悉嵌入式 Linux 开发的环境搭建。

【实验原理】

1. 预备知识

绝大多数 Linux 软件开发都是以本地方式进行的,即本机(HOST)开发、调试,本机运行的方式。这种方式通常不适合于嵌入式系统的软件开发,因为对于嵌入式系统的开发,没有足够的资源在本机(即板子上系统)运行开发工具和调试工具。通常的嵌入式系统的软件开发采用一种交叉编译调试的方式。交叉编译调试环境建立在宿主机(即一台计算机)上,对应的开发板称做目标板。

运行 Linux 的计算机(宿主机)开发时使用宿主机上的交叉编译、汇编及连接工具形成可执行的二进制代码(这种可执行代码并不能在宿主机上执行,而只能在目标板上执行),然后把可执行文件下载到目标机上运行。调试时的方法很多,可以使用串口、以太网口等,具体使用哪种调试方法可以根据目标机处理器提供的支持作出选择。宿主机和目标板的处理器一般不相同,宿主机为 Intel 处理器,而目标板如凌阳 Cortex-A8 实验仪,核心芯片为三星 S5PV210。GNU 编译器提供这样的功能,在编译器编译时可以选择开发所需的宿主机和目标机,从而建立开发环境。所以在进行嵌入式开发前第一步的工作就是要安装一台装有指定操作系统的计算机作宿主开发机,对于嵌入式 Linux,宿主机上的操作系统一般要求为 Ubuntu。嵌入式开发通常要求宿主机配置有网络,支持 NFS(为交叉开发时 mount 所用),然后要在宿主机上建立交叉编译调试的开发环境。

2. 嵌入式 Linux 开发流程

嵌入式 Linux 开发,根据应用需求的不同有不同的配置开发方法,但是一般都要经过以下过程:

(1) 建立开发环境。

操作系统一般使用 Ubuntu,选择定制安装或全部安装,通过网络下载相应的 GCC 交叉编译器进行安装(如 arm-linux-gcc、arm-uclibc-gcc),或者安装产品厂家提供的交叉编译器。

(2) 配置开发主机。

配置 MINICOM,参数设置波特率为 115 200,数据位为 8 位,停止位为 1,无奇偶校验,软硬件控制流设为无。在 Windows 系统下的超级终端的配置也是这样。MINICOM 软件的作用是作为调试嵌入式开发板信息输出的监视器和键盘输入的工具。

配置网络主要是配置 NFS 网络文件系统,需要关闭防火墙,简化嵌入式网络调试环境设置过程。

(3) 建立引导装载程序 BootLoader。

从网络上下载一些公开源代码的 BootLoader,如 U-Boot、BLOB、VIVI、LILO、ARM-Boot 和 Redboot 等,根据自己的具体芯片进行移植修改。有些芯片没有内置引导装载程序,如三星的 ARM7、ARM9、Cortex-A8 系列芯片,这样就需要编写烧写开发板上 Flash 的程序,网络上有免费下载的 Windows 系统下通过 JTAG 并口简易仿真器烧写 ARM 外围 Flash 芯片的程序。也有 Linux 下公开源代码的 J-Flash 程序。如果不能烧写自己的开发板,就需要根据自己的具体电路进行源代码修改。这是让系统可以正常运行的第一步。如果购买了厂家的仿真器,当然比较容易烧写 Flash 了,但其中的核心技术是无法了解的。这对于需要迅速开发应用的人来说可以极大地提高开发速度。下载别人已经移植好的 Linux 操作系统,如 μCLinux、ARM-Linux 和 PPC-Linux 等。如果有专门针对你所使用的 CPU 移植好的 Linux 操作系统那是再好不过的,下载后再添加自己的特定硬件的驱动程序,进行调试修改,对于带 MMU 的 CPU 可以使用模块方式调试驱动,对于 μCLinux 这样的系统只能编译进内核进行调试。

(4) 建立根文件系统。

从 www.busybox.net 下载使用 BusyBox 软件进行功能裁减,产生一个最基本的根文件系统,再根据自己的应用需要添加其他的程序。默认的启动脚本一般都不会符合应用的需要,所以就要修改根文件系统中的启动脚本,它的存放位置位于/etc 目录下,包括/etc/init.d/rc.S、/etc/profile 和/etc/.profile 等,自动安装文件系统的配置文件/etc/fstab,具体情况会随系统不同而不同。根文件系统在嵌入式系统中一般设为只读,需要使用 mkcramfs、genromfs 等工具产生烧写映象文件。建立应用程序的 Flash 磁盘分区,一般使用 JFFS2 或 YAFFS 文件系统,这需要在内核中提供这些文件系统的驱动,有的系统使用一个线性 Flash(NOR 型)512KB～32MB,有的系统使用非线性 Flash(NAND 型)8～512MB,有的两个同时使用,需要根据应用规划 Flash 的分区方案。

（5）开发应用程序。

应用程序可以下载到根文件系统中,也可以放入 YAFFS、JFFS2 文件系统中,有的应用程序不使用根文件系统,而是直接将应用程序和内核设计在一起,这有点类似于 UCOS-Ⅱ的方式。

烧写内核、根文件系统、应用程序。

（6）发布产品。

3. 对宿主计算机的性能要求

由于 Ubuntu 安装后占用空间约为 2.4～5GB,还要安装 ARM-Linux 开发软件,因此对开发计算机的硬盘空间要求较大。

硬件要求:

（1）CPU：高于奔腾 500MHz,推荐高于奔腾 1.0GHz。

（2）内存：大于 128MB,推荐 256MB。

（3）硬盘：大于 10GB,推荐高于 40GB。

4. 实验流程

系统搭建流程如图 1.1 所示,其中包括计算机平台 Linux 虚拟机环境建立、Qt 环境安装、ARM 平台 Linux 系统搭建。

图 1.1　系统搭建流程图

【实验步骤】

1. 安装 VMware 虚拟机软件

（1）安装 VMware 虚拟机软件,等待系统自动弹出图 1.2 所示的窗口,显示安装 VMware Player 对话框,单击 Next 按钮进入下一步。

（2）系统弹出路径选择对话框,可选择任意磁盘路径,如图 1.3 所示。单击 Next 按钮,进入下一步。

（3）系统弹出图 1.4 所示界面,选择默认选项即可。单击 Next 按钮,进入下一步。

（4）系统弹出图 1.5 所示界面,选择默认选项即可。单击 Next 按钮,进入下一步。

（5）系统弹出图 1.6 所示界面,选择默认选项即可。单击 Next 按钮,进入下一步。

图 1.2　安装虚拟机环境

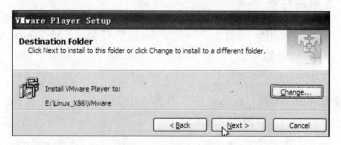

图 1.3　选择安装路径

图 1.4　检测软件更新

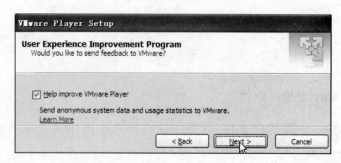

图 1.5　帮助改善 VMware Player

　　（6）系统弹出图 1.7 所示界面，单击 Continue 按钮，进入下一步。

　　（7）接下来等待安装结束后，系统弹出安装完毕对话框，如图 1.8 所示，单击 Restart Now 按钮。至此虚拟机安装完毕。

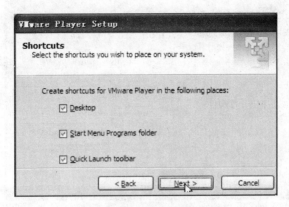

图 1.6　启动方式选择

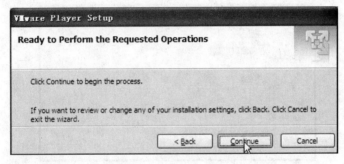

图 1.7　按照要求安装

图 1.8　安装完毕

2. 在虚拟机中安装 Ubuntu 10.10

（1）打开虚拟机，双击桌面图标 ，出现图 1.9 所示界面。

（2）将"物联网高级实践技术\Tools\网关开发\Ubuntu 10.10.v4.7z"解压至计算机相应磁盘中（注：此磁盘为要安装 Ubuntu 操作系统的磁盘，可用空间至少 15GB）。单击 Open a Virtual Machine，弹出图 1.10 所示对话框，选择已经配置过的扩展名为 VMX 的 Ubuntu 系统文件，打开返回到虚拟机主界面。单击 Play virtual machine，即可打开计算机 Ubuntu 操作系统，进行程序开发，如图 1.11 所示。

（3）等待片刻，开机后出现登录界面，选择 UNSP 用户，并输入密码 111111，登录到系统，如图 1.12 所示。

图 1.9　虚拟机开启界面

图 1.10　虚拟机系统路径

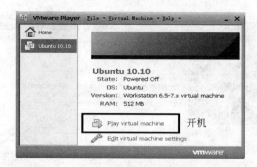

图 1.11　开机

图 1.12　Linux 系统输入用户名

(4) 如果认为默认的 Ubuntu 系统的显示界面不符合屏幕要求,可在"系统"→"首选项"→"显示器"中更改系统的分辨率,如图 1.13 和图 1.14 所示。

图 1.13 更改显示属性

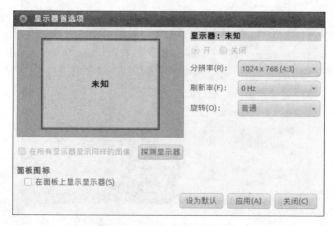

图 1.14 更改系统的分辨率

3. Ubuntu 系统和 Windows 系统之间相互复制文件

(1) 从 Windows 系统复制文件到 Ubuntu 系统。

① 将文件或文件夹复制到 Ubuntu 虚拟机系统内的方法非常简单,直接将 Windows 系统上的文件拖曳到 Ubuntu 的桌面即可完成复制工作,类似于图 1.15 所示。

② 复制完成之后,可以看到在 Ubuntu 的桌面中出现拖曳过来的文件,如图 1.16 所示。

图 1.15　拖动文件到 Ubuntu 系统

图 1.16　文件被复制到 Ubuntu 内

（2）从 Ubuntu 系统复制文件到 Windows 系统。

① 将文件从 Ubuntu 系统复制到 Windows 系统的方法类似，只需要从 Ubuntu 中拖动文件到 Windows 的文件夹内即可，如图 1.17 所示。

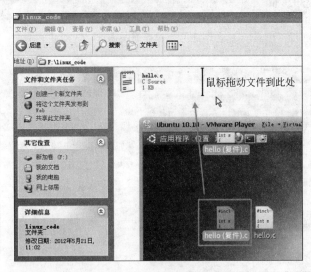

图 1.17　拖动文件到 Windows 系统中

② 复制完成后，在 Windows 的文件夹内即可看到拖曳过来的文件，如图 1.18 所示。

图 1.18　文件被复制到 Windows 系统中

4. 为实验箱的开发准备计算机端的环境

实验箱是一个完整的计算机系统,其内部运行了一个与计算机上类似的 Linux 系统。在一般的开发过程中,需要首先在计算机端做一些准备工作,包括实验箱与计算机的硬件连接、串口通信软件设置、网络环境设置。

(1)实验箱与计算机的硬件连接。

一般情况下,实验箱同时需要两种方式与计算机建立连接:串口和以太网。首先使用标准 9 针串口线将实验仪的 UART0 与计算机的串口相连。然后使用实验箱附带的网线将实验箱的以太网接口与计算机的网卡直接相连,或者将实验箱与路由器相连。这样就完成了硬件连接,如图 1.19 所示。

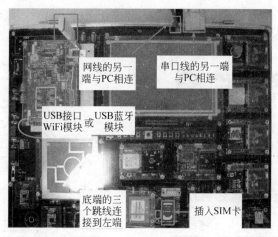

图 1.19　实验箱与计算机的基本硬件连接

(2)串口通信软件设置。

在计算机端需要使用串口通信软件来对实验箱进行控制。通常情况下,使用 Windows 系统自带的"超级终端"工具即可(或者用户也可以使用其他同类型的软件,这里仅针对"超级终端"做详细设置说明)。

① 在"开始"菜单中执行"程序"→"附件"→"通信"→"超级终端"命令,如图 1.20 所示。

图 1.20　打开超级终端

② 设置超级终端名称,任意名称即可,如图1.21所示。

③ 选择串口。如果自己串口线接在串口1上就选择COM1,如图1.22所示。

④ 设置串口属性。"每秒位数"设置为115200,"数据流控制"选择"无",如图1.23所示。

⑤ 此时将物联网多网设计平台的电源打开,A8实验仪的拨动开关拨至ON,并按下实验仪上的Power键,可以在超级终端中看到图1.24所示的启动提示信息。

图1.21 输入连接的名称

图1.22 选择连接的串口

图1.23 选择串口的设置属性

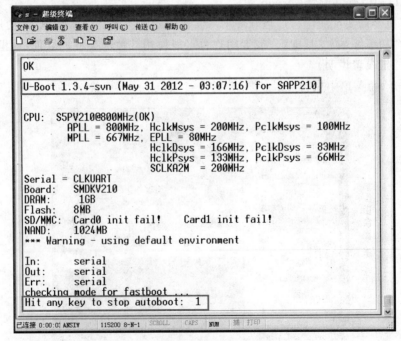

图1.24 U-Boot 启动界面

看到 Hit any key to stop autoboot 的提示,表示实验仪正在准备启动 Linux 系统。此时如果不做任何操作,则在倒计时结束后将会启动 Linux。如果在倒计时的过程中按下键盘的空格键,即可进入到 U-Boot 的命令行,可以对系统启动参数进行调整,或者可以重新安装操作系统等。

待系统正常启动之后,可以看到"SAPP210.XXXX login:"的提示,如图 1.25 所示。其中,XXXX 根据不同的实验箱可能会有所不同。此时,表示 Linux 系统已经正常启动,等待用户登录。

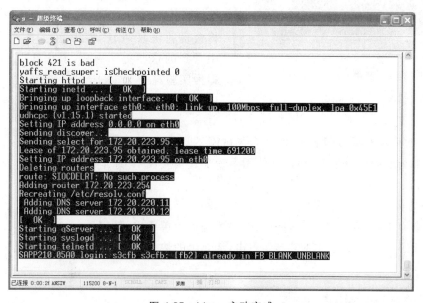

图 1.25　Linux 启动完成

⑥ 按下 Enter 键,进入登录模式,输入用户名 root,密码 111111 即可登录到系统,如图 1.26 所示。

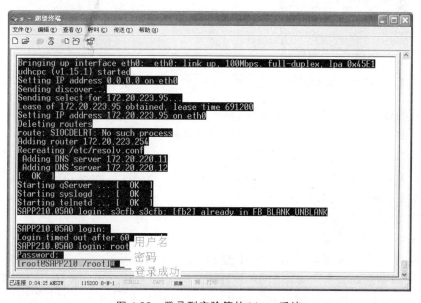

图 1.26　登录到实验箱的 Linux 系统

注意：密码输入时超级终端中不会有任何显示。登录成功之后，可以看到类似于"［root @SAPP210 /root］#"的提示。

可以看到，实验箱的 Linux 系统启动过程中会输出一些带有颜色的符号，导致超级终端软件的屏幕出现黑白相间的花屏。可以执行 clear 命令来清除屏幕，如图 1.27 所示。

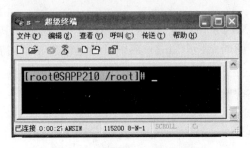

图 1.27 使用 clear 命令清屏

（3）网络环境设置。

如果实验箱使用网线连入局域网，而局域网中存在 DHCP 服务器，则实验箱启动过程中将会自动获取到 IP 地址，正如前面的图 1.25 中看到的这些提示一样，其中 172.20.223.95 即为实验箱的 IP 地址。将实验箱连入局域网，用 DHCP 服务器为其分配 IP 地址是我们推荐的做法。

然而，如果没有局域网的条件，或者局域网不具备 DHCP 服务器，则也可以通过手动配置的方式来为实验仪分配 IP 地址。使用手动配置实验仪 IP 地址的方法必须设置计算机为静态 IP，方法如下：

① 设置计算机为静态 IP。

右击桌面上的"网上邻居"图标，从弹出的快捷菜单中选择"属性"命令，如图 1.28 所示。

在打开的窗口中找到"本地连接"，右击，从弹出的快捷菜单中选择"属性"命令，如图 1.29 所示。

图 1.28 查看网上邻居的属性

图 1.29 查看本地连接的属性

在打开的窗口中选择"Internet 协议（TCP/IP）"，并单击"属性"按钮，如图 1.30 所示。

在弹出的"Internet 协议（TCP/IP）属性"对话框中，按照图 1.31 所示设置 IP，单击"确定"按钮，就为计算机设置好静态 IP 了。

注意：在本例中将计算机的 IP 地址设置为 192.168.87.1，如用户对计算机网络熟悉，也可以按照自己的需要进行设置。

② 配置实验仪 IP 地址。

在超级终端中执行命令 ipconfig eth0 -i 192.168.87.130 -m 255.255.255.0 -g 192.168.87.1，即可为实验箱手动配置 IP 地址，如图 1.32 所示。

其中，-i 后面的参数是实验箱的 IP 地址；-m 后面的参数是子网掩码；-g 后面的参数是网关地址。如果不需要网关，可以将-g 和其后面的参数省略。

③ 设置完成之后需要执行 service network restart 命令重启网络服务，使设置生效，

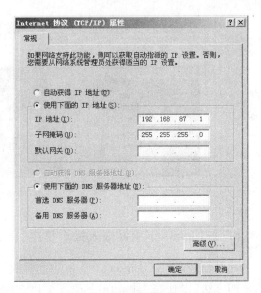

图 1.30　查看 Internet 协议属性　　　　　图 1.31　设置计算机静态 IP

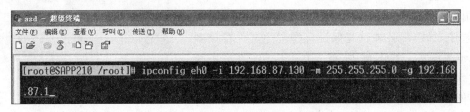

图 1.32　手动配置实验箱的 IP 地址

如图 1.33 所示。需要注意的是,实验箱的 IP 地址需要设置为与计算机同一个网段,例如在本例中计算机的 IP 地址为 192.168.87.1/255.255.255.0,而实验箱的 IP 地址为 192.168.87.130/255.255.255.0。

图 1.33　重启网络服务

当看到 eth0: link up 的提示,表示配置已经生效。

④ 如需查看实验箱当前的 IP 地址,可以执行命令 ifconfig eth0,如图 1.34 所示。

注意: 如需将实验箱重新配置成自动获取 IP 地址,只需执行命令 ipconfig eth0 -a,并重启网络服务即可。

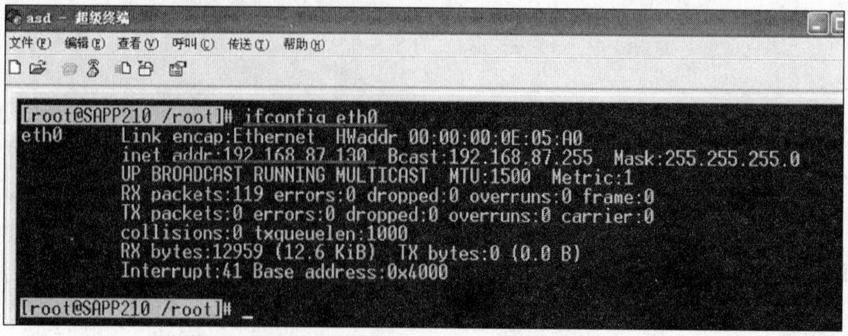

图 1.34　查看当前的 IP 地址

5. 在 Ubuntu 下编译嵌入式 C 程序

此过程是嵌入式 Linux 开发非常重要的一个过程,后续绝大部分的实验都会重复使用
本节的方法,以便在 Ubuntu 下编译可以在实验箱上
运行的程序。

用户无论在 Windows 下,或者在 Ubuntu 下编写
完 C 程序之后,都必须首先保证该源程序文件存储到
Ubuntu 系统内。在本例中,首先在 Ubuntu 系统中的
"主文件夹"中保存一个名为 hello.c 的文件。打开
"主文件夹"的方法如图 1.35 所示。

图 1.35　打开 Ubuntu 系统的主文件夹

(1) 右击主文件夹,从弹出的快捷菜单中选择"创
建文档"→"空文件"命令,保存文档名为 hello.c,如
图 1.36 所示。

图 1.36　在主文件夹下创建 hello.c 文档

(2) 在 hello.c 文档中输入以下内容:

```
#include<stdio.h>
```

```
int main(int argc, char * argv[])
{
    printf("Hello, world!\n");
    return 0;
}
```

（3）为了编译这个 C 程序，需要打开 Ubuntu 系统中的"终端"程序，该程序是一个命令行工具，可以运行标准的 Linux 命令，并可以用来编译程序。打开"终端"程序有两种方法：在 Ubuntu 系统左上角的"应用程序"菜单下执行"附件"→"终端"命令即可打开，如图 1.37 所示；也可以直接单击 Ubuntu 系统中"系统"菜单右侧的"终端"快捷图标，如图 1.38 所示。

（4）"终端"程序打开之后，可以看到图 1.39 所示的界面。

图 1.38　使用快捷图标打开"终端"

图 1.37　在"应用程序"中打开"终端"　　　　图 1.39　"终端"程序界面

（5）"终端"程序打开之后，默认的工作目录即为"主文件夹"，在终端中输入 ls 命令，可以看到 hello.c 文件，如图 1.40 所示。

（6）输入命令 arm-linux-gcc -o hello hello.c 即可将 hello.c 程序编译成为实验箱可以运行的可执行文件，如图 1.41 所示。其中，arm-linux-gcc 表示用于 ARM 系列芯片的编译器，-o hello 表示编译之后生成的可执行文件的名字为 hello，最后的 hello.c 即为待编译的 C 源程序文件。

图 1.40　使用 ls 命令确认文件是否存在当前目录　　　　图 1.41　编译 hello.c 程序

（7）使用 ls 命令查看，可以看到目录下多了一个 hello 文件，该文件即为用于实验箱的可执行程序文件，如图 1.42 所示。

6. 将编译生成的文件复制到实验箱上并运行

（1）首先将编译好的可执行程序文件从 Ubuntu 中复制到 Windows 系统，然后打开"我的电脑"，在地址栏中输入"ftp://开发板的 IP 地址"，如图 1.43 所示，其中开发板的 IP 地址可以参考图 1.34 中的 ifconfig eth0 命令来查看。

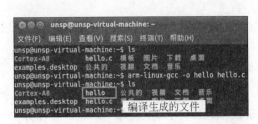

图 1.42　确认编译的文件是否生成

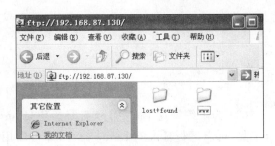

图 1.43　通过 FTP 访问实验箱的文件

（2）接下来跟操作本地文件一样，可以使用复制、粘贴的方式将编译好的 hello 文件放入实验箱内，如图 1.44 所示。

（3）在超级终端中输入 ls 命令，可以看到 hello 文件已经被复制到了实验箱的系统内，如图 1.45 所示。

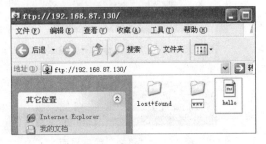

图 1.44　通过 FTP 将文件直接粘贴到实验箱内

图 1.45　确认文件已经复制到实验箱

（4）在超级终端中执行命令 chmod ＋x hello，为 hello 文件增加可执行权限，如图 1.46 所示。

（5）最后执行. /hello 命令，即可运行 hello 程序，如图 1.47 所示。

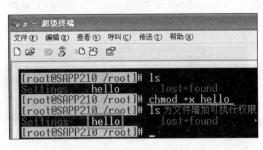

图 1.46　为文件增加可执行权限

图 1.47　运行程序

【范例路径】

本书提供本实验的参考资料，可在清华大学出版社网站下载，路径如下：

物联网高级实践技术\tools\网关开发\VMware-player-3.1.0-261024.exe

物联网高级实践技术\Tools\网关开发\Ubuntu 10.10.v4.7z

物联网高级实践技术\CODE\第 1 章 嵌入式网关基础实验\ex01_Hello_Linux

实验 1.2　Qt 环境搭建实验

【实验目的】

（1）熟悉 Qt 编程方法。
（2）掌握 Qt 平台搭建。
（3）学会使用 Qt 编写一个简单的应用程序。

【实验设备】

（1）装有 Linux 系统或装有 Linux 虚拟机的计算机一台。
（2）物联网多网技术综合教学开发设计平台一套。
（3）串口线或 USB 线（A-B）一条。

【实验要求】

使用 Qt 建立一个工程，单击 Show，显示文字为 Hello Qt；单击 Hide，隐藏文字。

【实验原理】

1. Qt

Qt 是一个多平台的 C++ 图形用户界面应用程序框架。它提供给应用程序开发者建立艺术级的图形用户界面所需的功能。Qt 是完全面向对象的，很容易扩展，并且允许真正地组件编程。

自从 1996 年早些时候 Qt 进入商业领域，它已经成为全世界范围内数千种成功的应用程序的基础。Qt 也是流行的 Linux 桌面环境 KDE 的基础，KDE 是所有主要的 Linux 发行版的一个标准组件。Qt 有可移植性、易用性、执行速度快等特点。

2. Qt Creator

为了帮助开发人员更容易高效地开发基于 Qt 这个应用程序框架的程序，Nokia 在收购 Qt 之后推出了 Qt Creator 这一轻量级的集成开发环境。

Qt Creator 可以实现代码的查看、编辑、界面的查看、以图形化的方式设计、修改、编译等工作，甚至在计算机环境下还可以对应用程序进行调试。同时，Qt Creator 还是一个跨平台的工具，它支持包括 Linux、Mac OS、Windows 在内的多种操作系统平台。这使得不同的开发工作者可以在不同平台下共享代码或协同工作。

3. Qt Embedded

Qt 本身是一个跨平台的应用程序框架，而且它的源码非常容易获得。原则上用户可以使用它的源码,这些源码可以在多种操作系统下编译并运行,如 MS-Window、Linux、UNIX、Mac 等,具体的编译方法可以查看 Qt 官方文档,这里不再赘述。与教材配套的实验资料提供的 Ubuntu 虚拟机镜像中已经安装好了 Qt Creator,以及 Qt Embedded for A8。在本实验中,主要介绍利用 Qt Creator 创建应用程序、编译和在开发板上运行 Qt 程序的方法。

4. Qt 编程

常见的 Qt 应用程序的开发有两种方式:

(1) 使用文本编辑器编写 C++ 代码,然后在命令行下生成工程并编译。

(2) 使用 Qt Creator 编写 C++ 代码,并为 Qt Creator 安装 Qt Embedded SDK,然后利用 Qt Creator 编译程序。

由于 Qt Creator 具有良好的可视化操作界面,同时它包含了一个功能非常强大的 C++ 代码编辑器,因此第二种方法是我们的首选。

使用 Qt Creator 进行 Qt 应用程序开发的具体方法参见实验步骤。

【实验步骤】

(1) 在 Ubuntu 系统中可以看到桌面上有一个 Qt Creator 的图标,如图 1.48 所示,双击运行它。

(2) 在打开的主界面中选择 File→New File or Project 命令,如图 1.49 所示。

图 1.48 Qt Creator 图标

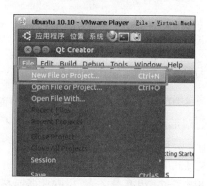

图 1.49 Qt Creator 的新建工程

(3) 选择新建的文件类型,这里需要在左侧选择 Qt C++ Project,并在右侧选择 Qt Gui Application,如图 1.50 所示,并单击 Choose 按钮。

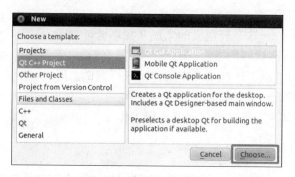

图 1.50 选择工程类型

（4）输入工程名称，选择创建工程的路径，单击 Next 按钮，如图 1.51 所示。

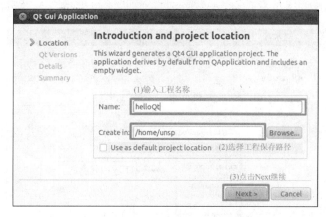

图 1.51　创建工程文件夹名称及路径

（5）选择编译的方式，选中 Qt 4.7.0 OpenSource 表示的是计算机的编译方式，选中 Qt forA8 表示的是嵌入式版本的编译方式，一般两项都选择。单击 Next 按钮继续，如图 1.52 所示。

图 1.52　选择编译方式

（6）选择基类为 QWidget，并输入自定义类的名称 MyWidget。单击 Next 按钮继续，如图 1.53 所示。

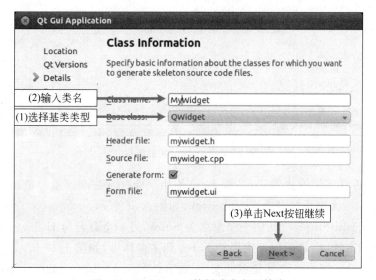

图 1.53　Qt Creator 的新建类名和基类

（7）看到当前新建工程的目录结构，单击 Finish 按钮后完成工程的新建，如图 1.54 所示。

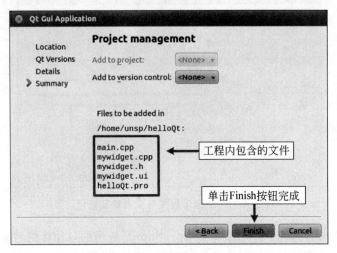

图 1.54　完成工程新建

（8）进入 Qt 的编辑界面，具体布局结构如图 1.55 所示。

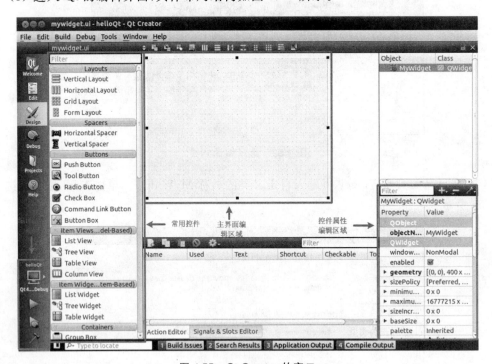

图 1.55　Qt Creator 的窗口

（9）在常用控件区域中找到 Push Button，使用鼠标将其拖动到主界面编辑区域。重复该步骤，即可在主界面中添加两个 PushButton，如图 1.56 所示。

（10）双击 PushButton，将其中一个命名为 Show，另一个命名为 Hide，如图 1.57 所示。

（11）类似的方法，在常用控件中拖动 Label 到主窗体中，如图 1.58 所示。

（12）双击 Label 即可修改其显示的文字，将其改名为 Hello Qt，如图 1.59 所示。

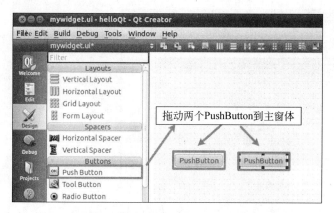

图 1.56　拖动 PushButton 到编辑窗口

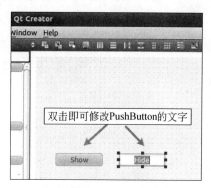

图 1.57　修改 PushButton 的名称

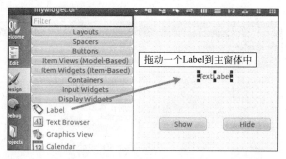

图 1.58　拖动 Label 到编辑窗口

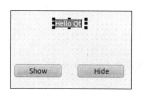

图 1.59　改名为 Hello Qt

（13）单击主窗体上方的 Edit Signals/Slots 按钮，进入 Signals/Slots 编辑模式，如图 1.60 所示。

（14）在该模式下可以对控件之间的动作进行关联。按住 Show 按钮不要松开鼠标，然后拖动到 Hello Qt 上方，此时可以看到界面中出现一个箭头由 Show 按钮指向 Hello Qt 标签，如图 1.61 所示。

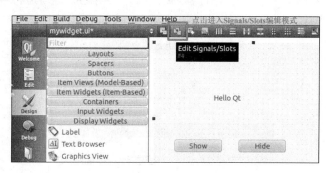

图 1.60　进入 Signals/Slots 编辑模式

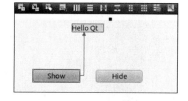

图 1.61　拖动 Show 指向 Hello Qt

（15）松开鼠标，将弹出图 1.62 所示的 Configure Connection 窗口。首先选中 Show signals and slots inherited from QWidget 复选框，以便可以看到尽量多的控件的动作，然后在左侧选择 clicked()，在右侧选择 show()，表示按钮被单击的事件，将与标签的显示动作相关联。

（16）同样的方法，将 Hide 按钮的 clicked() 与 Hello Qt 标签的 hide() 关联，如图 1.63 和图 1.64 所示。

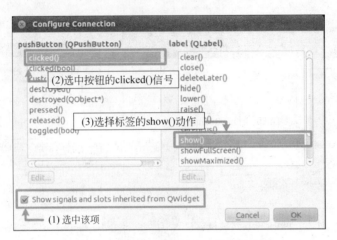

图 1.62　选择 show()到 label 的信号连接

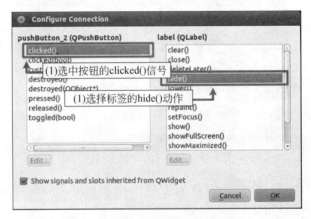

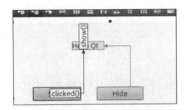

图 1.63　拖动 Hide 指向 Hello Qt

图 1.64　选择 hide()和 label 的连接

（17）至此，便将两个按键的单击事件分别与同一个标签的显示和隐藏动作相关联。接下来单击编译运行按钮，如图 1.65 所示，即可启动编译过程，并在编译成功之后自动运行该程序（注：默认情况下，编译的程序为计算机运行的版本，可以直接在 Ubuntu 系统中运行）。

（18）第一次编译运行可能会弹出图 1.66 所示的保存文件提示，选中 Always save files before build 复选框并单击 Save All 按钮即可。

图 1.65　编译运行

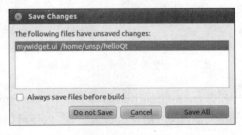

图 1.66　保存工程

（19）等待片刻,待编译完成后将会运行应用程序,如图 1.67 所示。至此,应用程序已经成功运行。单击 Show 和 Hide 按钮,可以看到 Hello Qt 标签将会显示或隐藏起来。

（20）接下来编译用于实验箱运行的 Qt 应用程序。首先将实验箱的串口和网线连接到计算机,硬件连接如图 1.19 所示。

（21）在 Qt Creator 中选择 Build→Clean All 命令,清理一下之前编译生成的文件,防止编译嵌入式版本的程序出错,如图 1.68 所示。

图 1.67　单击 Show 的显示

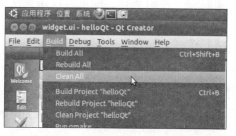

图 1.68　清理编译生成的文件

（22）单击图 1.69 中左下角所示的图标,会弹出编译选择框。在 Build 下拉列表中可以看到其中有 4 项编译类型,这里选择 Qt for A8 Release。选择完成后的界面如图 1.70 所示。

图 1.69　单击编译选择图标

图 1.70　编译选择窗口

（23）单击图 1.71 中左下角的 Build All 按钮,即可开始编译实验箱运行的版本。当看到编译选择按钮上方的进度条变成绿色,即表示编译完成,如图 1.72 所示。

（24）在工程的保存目录中可以找到一个名为 helloQt-build-desktop 的文件夹,如图 1.73 所示。编译生成的可执行程序即在此文件夹中。

图 1.71　编译程序

图 1.72　编译工程

图 1.73　目标文件夹

23

（25）将 helloQt-build-desktop 文件夹中的 helloQt 文件按照图 1.65 所示进行编译，然后将编译生成的文件下载到实验箱。

（26）在超级终端中为 helloQt 添加可执行权限，并运行它。

```
chmod +x helloQt
./helloQt
```

在实验箱上使用触摸屏即可对应用程序进行操作。

【范例路径】

本书提供本实验的参考程序，可在清华大学出版社网站下载，路径如下：

物联网高级实践技术\CODE\第 1 章 嵌入式网关基础实验 \ex02_Hello_Qt\ex02_Hello_Qt.C

实验 1.3　嵌入式串口实验

【实验目的】

（1）掌握 Linux 下串口通信程序设计的基本方法。
（2）熟悉终端设备属性的设置，熟悉中断 I/O 函数的使用。

【实验设备】

（1）装有 Linux 系统或装有 Linux 虚拟机的计算机一台。
（2）物联网多网技术综合教学开发设计平台一套。
（3）串口线或 USB 线（A-B）一条。

【实验要求】

设置 S5PV210 的串口 0 为 Raw 模式，并使用该串口实现：计算机通过串口发送数据给实验箱，实验箱将该数据发送两次给计算机。当计算机发送"1"字符时，应用程序将串口的设置恢复到默认状态，然后退出。

【实验原理】

1. UART 原理

异步串行 I/O 方式是将传输数据的每个字符一位接一位（例如先低位、后高位）地传送。数据的各不同位可以分时使用同一传输通道，因此串行 I/O 可以减少信号连线，最少用一对线即可进行。接收方对于同一根线上一连串的数字信号，首先要分割成位，再按位组成字符。为了恢复发送的信息，双方必须协调工作。在微型计算机中大量使用异步串行 I/O 方式,双方使用各自的时钟信号,而且允许时钟频率有一定误差,因此实现较容易。但是由于每个字符都要独立确定起始和结束(即每个字符都要重新同步),字符和字符间还可能有长度不定的空闲时间,因此效率较低。UART 数据帧格式如图 1.74 所示。

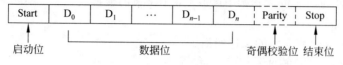

图 1.74　UART 数据帧格式

2. POSIX 接口简介

POSIX(Portable Operating System Interface for UNIX)是一套 IEEE 和 ISO 标准。这个标准定义了应用程序和操作系统之间的一个接口。只要保证它们的程序设计得符合POSIX 标准,开发人员就能确信他们的程序可以和支持 POSIX 的操作系统互联。这样的操作系统包括大部分版本的 UNIX。POSIX 标准现在由 IEEE 的一个分支机构 PortableApplications Standards Committee(PASC)维护。

3. Linux 下的串口操作

Linux 下的串口驱动遵循 POSIX 接口标准,此处将所有的设备都看做一个文件,因此使用此接口标准可以像操作文件一样操作串口,例如打开串口使用 open 函数进行操作。读串口使用 read 函数。另外,由于在 Linux 中将串口作为一个终端设备,因此其具有终端设备的一些特殊操作函数。

4. UART 常用 API 介绍

函数原型：int open(const char * path, int oflag, …);

功能：以 oflag 所指示的方式(如表 1.1 所示)打开名为 path 的设备,打开成功后返回设备句柄。

表 1.1　打开方式对照表

打 开 方 式	意　　义
O_RDONLY	只读方式打开
O_WRONLY	只写方式打开
O_RDWR	读写方式打开(等同于 O_RDONLY|O_WRONLY)
O_CREAT	如果文件不存在则首先创建
O_EXCL	独占方式打开
O_NOCTTY	禁止取得终端控制
O_TRUNC	清除文件原有内容
O_APPEND	追加方式打开
O_DSYNC	使每次 Write 都等待物理 I/O 操作完成
O_NONBLOCK	采用非阻塞文件 I/O 方式
O_RSYNC	使每次 Read 都等待物理 I/O 操作完成

参数：
- path：设备名,如/dev/ s3c2410_serial0。
- oflag：打开设备的方式,可选值可以参考。

返回值：打开的设备句柄，此后对文件的操作都是通过此句柄进行。

头文件：使用本函数需要包含＜unistd.h＞、＜termios.h＞。

函数原型：ssize_t read(int fd, void * buf, size_t len);

功能：从文件的当前位置开始中读取 len 个字节的数据。

参数：

- fd：由 open 函数返回的文件句柄。
- buf：读出的数据缓冲区。
- len：读出的数据长度。

返回值：实际读出的数据长度。

头文件：使用本函数需要包含＜unistd.h＞。

函数原型：ssize_t write(int fd, const void * buf, size_t len)

功能：向文件的当前位置开始中读取 len 个字节的数据。

参数：

- fd：由 open 函数返回的文件句柄。
- buf：写入的数据缓冲区。
- len：写入的数据的长度。

返回值：实际写入的数据长度。

头文件：使用本函数需要包含＜unistd.h＞。

函数原型：int tcgetattr(int fd,struct termios * option);

功能：得到串口终端的属性值。

参数：

- fd：由 open 函数返回的文件句柄。
- option：串口属性结构体指针。termios 的结构如下所示：

```
struct termios
{
    unsigned int c_iflag;               //输入参数
    unsigned int c_oflag;               //输出参数
    unsigned int c_cflag;               //控制参数
    unsigned int c_lflag;               //局部控制参数
    unsigned char c_cc[NCCS];           //控制字符
    unsigned int c_ispeed;?             //输入波特率
    unsigned int c_ospeed;              //输出波特率
}
```

返回值：成功返回 0，失败返回－1。

头文件：使用本函数需要包含＜unistd.h＞、＜termios.h＞。

注：结构体 termios 中各参数的常量定义请参考＜termios.h＞。

函数原型：int tcsetattr(int fd, int optact, const struct termios * option);

功能：设置串口终端的属性。

参数：

- fd：由 open 函数返回的文件句柄。
- optact：选项值。有下面三个选项供选择：

- TCSANOW：不等数据传输完毕就立即改变属性。
- TCSADRAIN：等待所有数据传输结束才改变属性。
- TCSAFLUSH：清空输入输出缓冲区才改变属性。
- option：串口属性结构体指针。

返回值：成功返回 0，失败返回－1。

头文件：使用本函数需要包含＜unistd. h＞、＜termios. h＞。

函数原型：int cfsetispeed(struct termios * option, speed_t speed);

功能：设置串口的输入波特率。

参数：

- option：串口属性结构体指针。
- speed：波特率，例如 B115200 表示设置波特率为 115200。

返回值：成功返回 0，失败返回－1。

头文件：使用本函数需要包含＜unistd. h＞、＜termios. h＞。

函数原型：int cfsetospeed(struct termios * option, speed_t speed);

功能：设置串口的输出波特率。

参数：

- option：串口属性结构体指针。
- speed：波特率，例如 B115200 表示设置波特率为 115200。

返回值：成功返回 0，失败返回－1。

头文件：使用本函数需要包含＜unistd. h＞、＜termios. h＞。

5. 本实验原理

对任何设备或文件的操作，必须首先打开此设备，此处使用 open 函数打开串口，得到一个指向此设备的句柄，之后的读写操作都是通过此句柄进行操作，本实验的流程图如图 1.75 所示。其中"读取串口"操作是通过 read 函数实现的，"输出读取的数据"是通过 write 函数实现的。

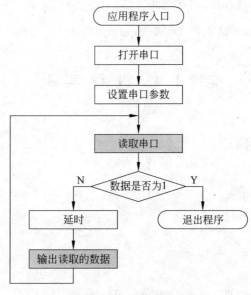

图 1.75　UART 通信流程图

【实验步骤】

（1）将实验箱的串口和网线连接到计算机，硬件详细连接如图 1.19 所示。

（2）按照实验原理和流程图的描述编写程序，并保存成.c 源程序文件（或可参考实验代码"物联网高级实践技术\CODE\第 1 章 嵌入式网关基础实验 \ex03_Serial\ex03_serial.c"）。

（3）在 Linux 下运行命令"arm-linux-gcc ex03_Serial.c -o ex03_Serial.c"编译实验程序，如图 1.76 所示。

（4）将生成的 ex03_Serial 文件复制到目标板，具体传送过程参考"第 1 章 实验 1.1 嵌入式开发环境搭建实验"。

（5）加可执行权限，并在目标板上的 Linux 下运行 ex03_Serial，观察现象，如图 1.77 所示。

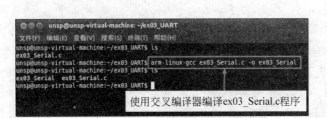

图 1.76　交叉编译文件

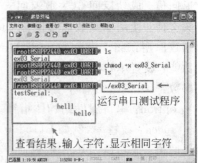

图 1.77　查看运行结果

（6）输入字符 1 即可退出程序。

【范例路径】

本书提供本实验的参考程序，可在清华大学出版社网站下载，路径如下：

物联网高级实践技术\CODE\第 1 章 嵌入式网关基础实验 \ex03_Serial\ex03_serial.c

实验 1.4　进 程 实 验

【实验目的】

（1）了解进程的概念及意义。

（2）了解子进程与父进程。

（3）掌握创建进程的方法。

【实验设备】

（1）装有 Linux 系统或装有 Linux 虚拟机的计算机一台。

（2）物联网多网技术综合教学开发设计平台一套。

（3）串口线或 USB 线（A-B）一条。

【实验要求】

实验要求：创建一个父进程、一个子进程。两个进程向控制台打印不同的信息。

实验现象：通过控制台可以看到父进程和子进程打印的不同字符串。

【实验原理】

1. 进程的概念

Linux 操作系统是面向多用户的。在同一时间可以有许多用户向操作系统发出各种命令。在现代的操作系统里面都有程序和进程的概念。通俗地讲，程序是一个包含可以执行代码的文件，是一个静态的文件。而进程是一个开始执行但是还没有结束的程序的实例，就是可执行文件的具体实现。一个程序可能有许多进程，而每一个进程又可以有许多子进程。以此循环下去，从而产生子孙进程。当程序被系统调用到内存以后，系统会给程序分配一定的资源（内存、设备等），然后进行一系列的复杂操作，使程序变成进程以供系统调用。在系统里面只有进程而没有程序，为了区分各个不同的进程，系统给每一个进程分配了一个 ID（就像我们的身份证）以便识别。为了充分的利用资源，系统还对进程区分了不同的状态。将进程分为新建、运行、阻塞、就绪和完成 5 个状态。新建表示进程正在被创建。运行是进程正在运行。阻塞是进程正在等待某一个事件发生。就绪是表示系统正在等待 CPU 来执行命令。而完成表示进程已经结束了，系统正在回收资源。关于进程这 5 个状态的详细解说可以查阅操作系统相关书籍。

用户编写的任何一个程序都是一个单独的进程。比如最简单的 helloworld（代码如下所示），这个进程只有一个动作，向控制台输出 hello world，然后退出。如果同时运行两个 helloworld 程序，那么就是两个进程在并行执行，多进程并行执行就是这么简单。当然，大多数情况下一个进程是不会如此简单的，这里仅说明进程这个概念。

```
#include<stdio.h>
main()
{    printf(" hello world\n");
     return 0
}
```

2. 进程的创建

运行 helloworld 程序时，在程序代码中没有进程的创建部分，实际上进程的创建是由 shell 窗口程序创建的，shell 窗口会自动为每个将要执行的程序创建一个进程。在程序中也可以创建进程。创建一个进程的方法很简单，调用 fork() 就可以了。

系统调用 fork() 的声明格式如下：

pid_t pid=fork();

在使用该系统调用的程序中要加入以下头文件：

```
#include<unistd.h>
```

pid＝fork()使操作系统创建一个新的进程（子进程），并且在进程表中相应地为它建立一个新的表项。新进程和原有进程的可执行程序是同一个程序。上下文和数据,绝大部分就是原进程（父进程）的复制,但它们是两个相互独立的进程。此时程序在父进程、子进程的上下文中都声称,这个进程执行到 fork 调用即将返回（此时子进程不占有 CPU,子进程的计算机不是真正保存在寄存器中,而是作为进程上下文保存在进程表中的对应表项内）。问题是怎么返回,因为返回后父子进程就分道扬镳了,所以需要根据 fork() 的返回值判断哪个是父进程、哪个是子进程。fork()调用完成了对父进程的一次克隆,现在父进程和子进程具有相同的数据和程序,这时在操作系统看来有两个进程在执行了。

父进程继续执行,操作系统对 fork 的实现使这个调用在父进程中返回刚刚创建的子进程的 pid（一个正整数）。

子进程在之后的某个时候得到调度,它的上下文被换入,占据 CPU,操作系统对 fork 的实现使得子进程中 fork 调用返回 0。所以在这个进程（注意这不是父进程,虽然是同一个程序,但这是同一个程序的另外一次执行,在操作系统中这次执行是由另外一个进程表示的,从执行的角度说和父进程相互独立）中 pid＝0。

分析下面的例子,观察输出结果。

```
#include<unistd.h>;
#include<sys/types.h>;

main()
{
    pid_t pid;
    pid=fork();
    if(pid<0)
        printf("error in fork!");
    else if(pid==0)
        printf("i am the child process, my process id is %d\n",getpid());
    else
        printf("i am the parent process, my process id is %d\n",getpid());
}
```

结果如下：

```
[root@localhost c]#./a.out
i am the child process, my process id is 4286
i am the parent process, my process id is 4285
```

从上面的例子可以看到：

"i am the child process, my process id is 4286"和"i am the parent process, my process id is 4285"两条语句都输出了,在一般程序中,对于条件语句这是不可能的。但是由于程序中使用了 fork() 调用,程序变为两个进程同时执行,两个进程具有相同的计算机程序计数器值,在 fork 之前的代码子进程不会执行,子进程会和父进程一起从 fork() 调用处开始执行,根据 fork()不同的返回值,可以判断是子进程在执行还是父进程在执行。至于是父进程先执行还是子进程先执行,具体由操作系统的进程调度算法决定。

当父进程执行,操作系统对 fork 的实现使这个调用在父进程中返回刚刚创建的子进程的 pid(一个正整数),所以下面的 if 语句中 pid<0,pid==0 的两个分支都不会执行。所以输出"i am the parent process…"。

当子进程执行,操作系统对 fork 的实现使得子进程中 fork 调用返回 0。所以在这个进程中 pid=0。这个进程继续执行的过程中,if 语句中 pid<0 不满足,但是 pid==0 是 true。所以输出"i am the child process…"

上面的例子讲述了创建进程的方法。如果仅仅创建一个这样的进程作用不大,这是因为虽然新创建了一个进程,但是创建的子进程与父进程执行同样的代码。我们想要的是子进程执行另外一个程序,这就需要另外的一系列函数。

3. exec 系统调用

系统调用 exec 是用来执行一个可执行文件来代替当前进程的执行映像。需要注意的是,该调用并没有生成新的进程,而是在原有进程的基础上替换原有进程的正文,调用前后是同一个进程,进程号 PID 不变,但执行的程序变了(执行的指令序列改变了)。它有 6 种调用的形式,随着系统的不同并不完全与以下介绍的相同。它们的声明格式如下:

```
int execl(const char * path, const char * arg, ...);
int execlp(const char * file, const char * arg, ...);
int execle(const char * path, const char * arg , ..., char * const envp[]);
int execv(const char * path, char * const argv[]);
int execve(const char * path, char * const argv [], char * const envp[]);
int execvp(const char * file, char * const argv[]);
```

在使用这些系统调用的程序中要加入以下头文件和外部变量:

```
#include<unistd.h>
extern char **environ;
```

下面将详细讲述其中的一个,然后再给出它们之间的区别。在系统调用 execve 中,参数 path 是将要执行的文件,参数 argv 是要传递给文件的参数,参数 envp 是要传递给文件的环境变量。当参数 path 所指的文件替换原进程的执行映像后,文件开始执行,参数 argv 和 envp 便传递给进程。下面举一个简单的例子。

这里有一个程序 pp.c:

```
#include<stdio.h>
int main()
{
        printf("test\nthis is pp process\n");
}
```

编译:#arm-linux-gcc pp.c -o pp

程序 ex04_process.c:

```
#include<unistd.h>
```

```
#include<fcntl.h>
#include<stdio.h>
extern char **environ;
int main(int argc,char * argv[])
{
        printf("main start\n");
        pid=fork();
        if(pid<0)
            printf("error in fork!");
        else if(pid==0)
        {
            printf("i am the child process, my process id is %d\n",getpid());
            execve("pp",argv,environ);
        }
        else
            printf("i am the parent process, my process id is %d\n",getpid());
}
编译:#arm-linux-gcc ex04_process.c -o ex04_process
```

在实验箱上执行上面的程序,输出如下:

```
#./ ex04_process
main start
i am the parent process, my process id is 55
#i am the child process, my process id is 56
test
this is pp process
#
```

由于父进程和子进程执行的顺序不同,执行的结果略有不同。从执行结果可以看出父进程首先执行,在输出"i am the parent process, my process id is 55"后退出返回到 shell 窗口,所以输出"#"。接下来子进程开始执行,并且通过 exeve()调用另一个程序镜像 pp 代替原来的镜像 ex04_process,这样子进程变成一个与父进程完全不相干的进程,子进程开始执行 pp,输出"this is pp process"。最后子进程退出,返回 shell 窗口。

现在来看看这一族系统调用。在系统调用 execl、execlp、execle 中,参数是以 arg0,arg1,arg2…的方式传递的。按照惯例,arg0 应该是要执行的程序名。在调用 execl、execlp 中环境变量的值是自动传递的,即不用像调用 execve、execle 那样在调用中指定参数 envp。在调用 execve、execv、execvp 中参数是以数组的方式传递的。另一个区别是调用 execlp、execvp 可以在环境变量 PATH 定义的路径中查找执行程序。例如,PATH 定义为"/bin:/usr/bin:/usr/sbin",如果调用指定执行文件名为 test,那么这两个调用会在 PATH 定义的三个目录中查找名为 test 的可执行文件。

有时候可能希望子进程继续执行,而父进程阻塞直到子进程完成任务。这个时候可以调用 wait 或者 waitpid 系统调用。

```
pid_t wait(int * stat_loc);
pid_t waitpid(pid_t pid, int * stat_loc, int options);
```

在使用这些系统调用的程序中要加入以下头文件：

```
#include<sys/types.h>
#include<sys/wait.h>
```

wait 系统调用会使父进程阻塞直到一个子进程结束或者是父进程接收到了一个信号。如果没有子进程或者它的子进程已经结束了，wait 将立即返回。成功时（因一个子进程结束）wait 将返回子进程的 ID，否则返回－1，并设置全局变量 errno. stat_loc 是子进程的退出状态。

调用 waitpid 与调用 wait 的区别是 waitpid 等待由参数 pid 指定的子进程退出。其中参数 pid 的含义与取值方法如下：

- 参数 pid ＜－1 时，当退出的子进程满足下面条件时结束等待：该子进程的进程组 ID(process group)等于绝对值的 pid 这个条件。
- 参数 pid＝0 时，等待任何满足下面条件的子进程退出：该子进程的进程组 ID 等于发出调用进程的进程组 ID。
- 参数 pid ＞ 0 时，等待进程 ID 等于参数 pid 的子进程退出。
- 参数 pid＝－1 时，等待任何子进程退出，相当于调用 wait。

对于调用 waitpid 中的参数 options 的取值及其含义如下：

- WNOHANG：该选项要求如果没有子进程退出就立即返回。
- WUNTRACED：对已经停止但未报告状态的子进程，该调用也从等待中返回和报告状态。

stat_loc 和 wait()中的意义一样。

【实验步骤】

(1) 将实验箱的串口和网线连接到计算机，硬件详细连接如图 1.19 所示。

(2) 按照实验原理描述编写一个有两个进程的程序 pp. c 和 ex04_process. c(或可参考实验代码"物联网高级实践技术\CODE\第 1 章 嵌入式网关基础实验\ex04_Process 目录下的 pp. c 和 ex04_process. c")。

(3) 使用交叉编译这两个程序 arm-linux-gcc pp. c -o pp 和 arm-linux-gcc ex04_Process. c -o ex04_Process，如图 1.78 所示。

图 1.78　交叉编译进程程序

(4) 开启实验箱，将 pp 和 ex04_Process 两个文件复制到实验箱中，具体过程可参考实验 1.1。

(5) 加可执行权限，并执行 ex04_Process，观察实验现象，如图 1.79 所示。

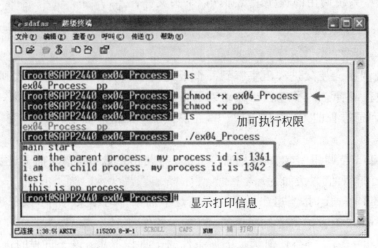

图 1.79　加可执行权限并运行观察结果

【范例路径】

本书提供本实验的参考程序,可在清华大学出版社网站下载,路径如下:

物联网高级实践技术\CODE\第 1 章 嵌入式网关基础实验\ex04_Process

实 验 1.5　线 程 实 验

【实验目的】

(1)掌握线程的概念。

(2)掌握 Linux 下创建线程的方法。

【实验设备】

(1)装有 Linux 系统或装有 Linux 虚拟机的计算机一台。

(2)物联网多网技术综合教学开发设计平台一套。

(3)串口线或 USB 线(A-B)一条。

【实验要求】

创建两个线程,第一个线程每隔 300ms 打印一次字符串,第二个线程每隔 700ms 打印一次字符串,观察两个线程的运行情况。

【实验原理】

1. 什么是线程

线程是在共享内存空间中并发的多道执行路径，它们共享一个进程的资源，如文件描述符和信号处理。在两个普通进程（非线程）间进行切换时，内核准备从一个进程的上下文切换到另一个线程的上下文要花费很大的开销。这里上下文切换的主要任务是保存老进程的 CPU 状态并加载新进程的保存状态，用新进程的内存映像替换老进程的内存映像。线程在几个正在运行的任务之间进行切换，而不必执行前面提到的完整的上下文切换，所以，线程切换的开销比进程切换的开销要小得多。

在 Linux 内，常用的线程库是 POSIX 线程库，也称为 pthread 库。因为 POSIX 线程接口的可移植性最好，而且 Linux 对它的支持最好，所以在本实验中也将使用 pthread 库完成多线程实验。

2. pthread 接口

pthread 是一种标准化模型，它用于把一个程序分成一组能够同时执行的任务。字母 p 源自于定义线程应该怎样操作的 POSIX 标准。pthread 提供了许多接口函数，使用这些函数调用，可以让用户使用线程来完成多个子任务同时执行的目的。

pthread 的常用接口函数如下：

函数原型：int pthread_create(pthread_t * thread,

　　　　　　　pthread_attr_t * attr,

　　　　　　　void * (* start_routine)(void *),

　　　　　　　void * arg);

功能：创建一个线程。

参数：

- thread：线程标识符指针，用于返回新创建的线程的唯一标识。
- attr：线程属性。
- start_routine：线程需要执行的函数。
- arg：传递给线程函数的参数。

返回值：成功创建返回 0，失败返回错误代码。

头文件：使用本函数需要包含<pthread.h>。

函数原型：void pthread_exit(viod * retval);

功能：终止当前线程。

参数：retval 是退出参数，用于返回给父线程或其他线程。

返回值：无。

头文件：使用本函数需要包含<pthread.h>。

函数原型：int pthread_join(pthread_t th, void **thread_return);

功能：检查线程退出原因，并释放线程资源。通常情况下，对于每个线程都必须调用一次该函数，以便线程资源可以被重新分配。

参数：

- th：被检查的线程的标识符。
- thread_return：如果被检查的线程的退出原因不为 NULL，则保存在此参数中。

返回值：成功执行返回 0，失败返回错误代码。

头文件：使用本函数需要包含＜pthread.h＞。

一个典型的线程的范例代码如下：

```
//==========================================================
//文      件：ex05_Thread.c
//功能描述：实验 1.5 范例代码
//维护记录：2008-06-13   V1.0
//==========================================================
#include<pthread.h>
#include<stdio.h>
#include<stdlib.h>
#include<unistd.h>
#include<errno.h>

#define msleep(m)usleep(m * 1000)

time_t end_time;
//==========================================================
//语法格式：void ThreadA(cyg_addrword_t data)
//功能描述：主线程
//入口参数：data      -    由 OS 传递
//出口参数：无
//==========================================================
void ThreadA(void * arg)
{
    while(time(NULL)<end_time)
    {
        printf("Thread A prints something...\n");
        msleep(300);
    }
}


//==========================================================
//语法格式：void ThreadB(cyg_addrword_t data)
//功能描述：主线程
//入口参数：data      -    由 OS 传递
//出口参数：无
//==========================================================
void ThreadB(void * arg)
{
    while(time(NULL)<end_time)
    {
```

```
            printf("Thread B prints something...\n");
            msleep(700);
        }
}
int main(int argc, char * argv[])
{
        pthread_t a_th_id;
        pthread_t b_th_id;
        int ret;

        end_time=time(NULL)+10;                        //运行 10s
        ret=pthread_create(&a_th_id, NULL,(void * )ThreadA, NULL);
        if(ret !=0)
        {
            perror("pthread_create: idx_th");
            exit(EXIT_FAILURE);
        }
        ret=pthread_create(&b_th_id, NULL,(void * )ThreadB, NULL);
        if(ret !=0)
        {
            perror("pthread_create: mon_th");
            exit(EXIT_FAILURE);
        }
        pthread_join(a_th_id, NULL);
        pthread_join(b_th_id, NULL);
        exit(EXIT_SUCCESS);
}
```

3. 本实验的实验原理

本实验中需要创建两个线程,在每个线程中间隔不同的时间循环打印不同字符串。间隔一定时间可以使用休眠函数完成。常用的休眠函数如下:

函数原型: unsigned int sleep (unsigned int seconds);

功能:休眠(单位: s)。

参数: seconds 是休眠时间(单位: s)。

返回值:成功执行返回 0,失败返回错误代码。

头文件:使用本函数需要包含<stdlib. h>。

函数原型: int usleep (useconds_t useconds);

功能:休眠(单位: μs)。

参数: ueconds 是休眠时间(单位: μs)。

返回值:成功执行返回 0,失败返回错误代码。

头文件:使用本函数需要包含<stdlib. h>。

程序流程图如图 1.80 所示。

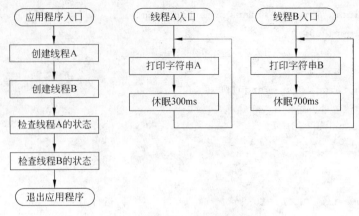

图 1.80　实验 1.5 程序流程图

【实验步骤】

（1）将实验箱的串口和网线连接到计算机，硬件详细连接如图 1.19 所示。

（2）按照实验原理的描述编写程序，并保存成 . c 源程序文件（或可参考实验代码"物联网高级实践技术\CODE\第 1 章 嵌入式网关基础实验\ ex05_Thread\ex05_Thread.c）。

（3）在 Linux 下运行命令"arm-linux-gcc ex05_Thread. c -o ex05_Thread-lpthread"编译实验程序，如图 1.81 所示。

图 1.81　编译程序

（4）将生成的 ex05_Thread 文件复制到目标板，具体过程可参考"第 1 章 实验 1.1 嵌入式开发环境搭建实验"。

（5）在目标板上的 Linux 下运行 ex05_Thread，观察现象，如图 1.82 所示。

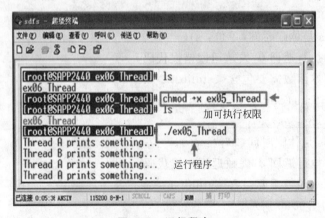

图 1.82　运行程序

【范例路径】

本书提供本实验的参考程序,可在清华大学出版社网站下载,路径如下:

物联网高级实践技术\CODE\第 1 章 嵌入式网关基础实验\ex05_Thread\ex05_Thread.c

实验 1.6　网关后台服务实验

【实验目的】

(1) 了解有网关参与时的典型软件系统结构。

(2) 掌握网关后台服务程序提供的 API 的使用方法。

【实验设备】

(1) 装有 Ubuntu 系统或装有 Ubuntu 虚拟机的计算机一台。

(2) 物联网多网技术综合教学开发设计平台一套。

【实验要求】

学习网关后台服务程序的工作流程,编写测试程序,利用服务程序提供的 API 接收节点数据并输出。

【实验原理】

1. 无线传感网典型硬件结构

一个典型的以无线传感网为基础的系统中,通常包含三部分:无线传感网络、网关和应用决策者。图 1.83 显示了这三部分之间的典型关系。

无线传感网络利用各种传感技术感知现实世界,并转换为电子计算机可以处理的信息,然后通过组网的方式(通常是以 ZigBee 为基础的无线网路)将信息汇集到中心节点(图 1.83中的协调器)。

网关与中心节点直接相连,通常是一些有线的方式,如异步串行总线等。将无线传感网络中的信息采集并转发给应用决策者,通常这些信息会被转换为 TCP/IP 协议数据包,从而可以被目前广泛存在的大多数计算机所接收。

应用决策者通过 TCP/IP 网络从网关处获取必要的信息,利用现代计算机技术可以实现比较复杂的数据存储或决策。

可以看出,网关在整个物联网应用中承担着非常重要的角色。

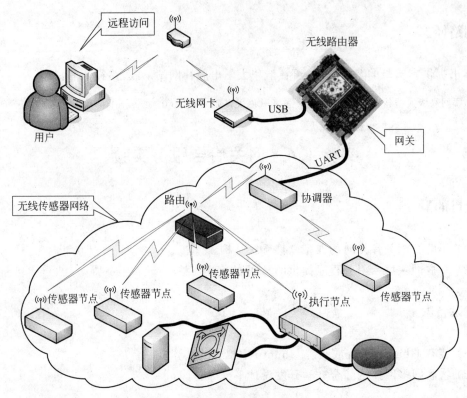

图 1.83　系统硬件结构框图

2. 网关上运行的典型服务程序结构

在上面的典型结构下，网关上通常会运行一个服务程序，用来衔接无线传感网络和应用决策。在本实验箱的网关上便运行着这样一个服务程序：

（1）服务程序在网关开机后自动运行。

（2）服务程序负责监听来自于中心节点（协调器）的异步串行通信接口的数据，或者可以将数据通过异步串行通信接口发送给中心节点（协调器），进而可以将数据通过无线传感网络发送给任意传感器节点。

（3）服务程序监听来自 TCP/IP 网络的请求，并根据这些请求为其他（计算机）的应用程序提供对无线传感网络的信息的访问或者允许其他（计算机）的应用程序对无线传感网络中的任意节点进行控制。

3. 服务程序的配置和使用

在本实验箱上运行的服务程序通过一个配置文件来选择与中心节点（协调器）连接的串口，这个配置文件位于网关的文件系统的位置：/etc/wsncomm.conf。该文件的内容如下：

```
Comm=/dev/s3c2410_serial1
```

配置文件的内容非常简单，也比较容易理解，"Comm＝"后面是一个设备文件的路径，用来指定与实验箱上的协调器相连的串口。

网关上常用的串口如表 1.2 所示，通常不需要用户做任何修改。如果需要修改，需要重启网关后生效。

表 1.2　A8 网关上的串口对应的设备文件

串 口 路 径	说　　　明
/dev/s3c2410_serial0	A8 网关的串口 0
/dev/s3c2410_serial1	A8 网关的串口 1(默认)
/dev/s3c2410_serial2	A8 网关的串口 2
/dev/s3c2410_serial3	A8 网关的串口 3(用于红外通信)
/dev/ttyUSBx	USB 转 UART 串口,其中 x 是一个数字,依据插入 A8 网关的 USB 接口的 USB 转 UART 的数量来定

4. 服务程序提供的 API 函数

服务程序通过 TCP/IP 协议提供的功能被封装到一个称做 libwsncomm.so 的动态函数库中,同时还提供了一个 libwsncomm.h 头文件,供用户调用内部的函数。

常用的 API 函数如下:

函数原型:WSNCOMM_NODE * wsncomm_getNode_byAddr (const char * ip, unsigned short nwkAddr);

功能:获取指定短地址的节点的详细信息。

参数:

- ip:运行服务程序的网关(计算机)的 IP 地址。
- nwkAddr:待获取的 ZigBee 节点的短地址。

返回值:成功执行返回节点信息结构体,失败返回 NULL。

头文件:使用本函数需要包含<libwsncomm.h>。

备注:WSNCOMM_NODE 结构体的定义如表 1.3 所示。

表 1.3　节点信息结构体的定义

结构体成员	说　　　明
typedef struct wsncomm_node_func_t {	—
unsigned char funcCode;	功能编号
unsigned char funcID;	序号。用于区分同一网络中出现的同一种类的功能节点
unsigned char rCycle;	刷新周期
} WSNCOMM_NODE_FUNC;	—
typedef struct wsncomm_node_t {	—
unsigned short nwkAddr;	节点短地址
unsigned short parAddr;	父节点短地址
unsigned char hwAddr[8];	节点长地址
int funcNum;	节点上具有的功能数量
WSNCOMM_NODE_FUNC * funcInfo;	节点上具有的功能列表,参见上面的定义
} WSNCOMM_NODE;	—

函数原型:WSNCOMM_NODE * wsncomm_getNode_byType(const char * ip, int type,int id);

功能：获取具有指定功能的节点的详细信息。

参数：

- ip：运行服务程序的网关（计算机）的 IP 地址。
- type：功能编号。
- id：功能序号。

返回值：成功执行返回节点信息结构体，失败返回 NULL。

头文件：使用本函数需要包含<libwsncomm.h>。

备注：WSNCOMM_NODE 结构体的定义如表 1.3 所示。

函数原型：void wsncomm_delete_node(WSNCOMM_NODE * node);

功能：删除上述两个函数获取到的 WSNCOMM_NODE 结构体。

参数：node 是通过 wsncomm_getNode_byAddr 或者 wsncomm_getNode_byType 函数返回的节点信息结构体指针。

返回值：无。

头文件：使用本函数需要包含<libwsncomm.h>。

函数原型：int wsncomm_getAllNode(const char * ip, WSNCOMM_NODE ** nodes);

功能：获取当前网络中的所有节点的信息。

参数：

- ip：运行服务程序的网关（计算机）的 IP 地址。
- nodes：用于返回保存节点信息的指针。

返回值：成功执行返回节点数量，否则返回负值。

头文件：使用本函数需要包含<libwsncomm.h>。

函数原型：void wsncomm_delete_node_list(WSNCOMM_NODE * node, int count);

功能：删除由 wsncomm_getAllNode 函数获取的节点列表。

参数：

- nodes：待删除的由 wsncomm_getAllNode 函数返回的节点信息。
- count：节点数量。

返回值：无。

头文件：使用本函数需要包含<libwsncomm.h>。

函数原型：int wsncomm_sendNode_byPoint(const char * ip, unsigned short nwkAddr,int point, const char * data, int len);

功能：向指定短地址的节点的指定端点发送数据。

参数：

- ip：运行服务程序的网关（计算机）的 IP 地址。
- nwkAddr：节点的短地址。
- point：节点上的端点。
- data：待发送的数据的地址。
- len：待发送的数据的长度（字节）。

返回值：成功执行返回 0，否则返回其他值。

头文件：使用本函数需要包含＜libwsncomm.h＞。

函数原型：int wsncomm_sendNode_byType(const char * ip, int type, int
　　　　　id, const char * data, int len);

功能：向指定功能的节点发送数据。

参数：

- ip：运行服务程序的网关(计算机)的 IP 地址。
- type：功能编号。
- id：序号。
- data：待发送的数据的地址。
- len：待发送的数据的长度(字节)。

返回值：成功执行返回 0,否则返回其他值。

头文件：使用本函数需要包含＜libwsncomm.h＞。

函数原型：int wsncomm_getNodeData_byPoint(const char * ip, unsigned
　　　　　short nwkAddr, int point,char **data);

功能：获取指定短地址节点的指定端点的最近一次数据。

参数：

- ip：运行服务程序的网关(计算机)的 IP 地址。
- nwkAddr：节点的短地址。
- point：节点上的端点。
- data：用于返回节点数据。

返回值：成功执行返回数据长度,否则返回赋值。

头文件：使用本函数需要包含＜libwsncomm.h＞。

函数原型：int wsncomm_getNodeData_byType(const char * ip, int type, int
　　　　　id, char **data);

功能：获取指定功能的节点的最近一次数据。

参数：

- ip：运行服务程序的网关(计算机)的 IP 地址。
- type：功能编号。
- id：序号。
- data：用于返回节点数据。

返回值：成功执行返回 0,否则返回其他值。

头文件：使用本函数需要包含＜libwsncomm.h＞。

函数原型：void * wsncomm_register (const char * ip,
　　　　　　　　　　CB_NEW_NODE cb_newNode,
　　　　　　　　　　CB_NEW_FUNC cb_newFunc,
　　　　　　　　　　CB_NEW_DATA cb_newData,
　　　　　　　　　　CB_NODE_GONE cb_nodeGone,
　　　　　　　　　　CB_SERVER_GONE cb_serverGone,
　　　　　　　　　　void * arg);

功能：向服务程序注册回调函数,以便实时接收节点信息。

参数:

- ip:运行服务程序的网关(计算机)的 IP 地址。
- cb_newNode:有新节点加入网络时的回调函数。
- cb_newFunc:有新功能被发现时的回调函数。
- cb_newData:节点有新数据时的回调函数。
- cb_nodeGone:节点掉线时的回调函数。
- cb_serverGone:服务程序断线时的回调函数。
- arg:回调函数参数。

返回值:成功执行返回注册句柄,否则返回 NULL。

头文件:使用本函数需要包含<libwsncomm.h>。

备注:该函数执行成功后,在服务程序检测到相应事件发生时,可以自动调用指定的函数。这些函数需要符合表 1.4 所示的形式。

表 1.4　wsncomm_register 函数的回调函数形式

回调函数形式	说　　明
void cb_newNode(void * arg, 　　　　unsigned short nwkAddr, 　　　　unsigned short parAddr, 　　　　unsigned char macAddr[8])	当有新节点加入网络时,服务程序将调用该函数,并将该节点的短地址、父节点地址以及节点的长地址传递给该函数
void cb_newFunc (void * arg, 　　　　unsigned short nwkAddr, 　　　　int funcNum, WSNCOMM_NODE_FUNC * funcList)	当某个节点具有的功能被检索时,服务程序将调用该函数,并将该节点具备的功能的数量以及功能列表传递给该函数
void cb_newData(void * arg, 　　　　unsigned short nwkAddr, 　　　　int endPoint, 　　　　int funcCode, 　　　　int funcID, 　　　　char * data, int len)	当节点的某个功能有新数据报告给中心节点时,服务程序将调用该函数,并将该功能所属节点的短地址、该功能所在的端点、功能编号、序号以及数据传递给该函数
void cb_nodeGone(void * arg, 　　　　unsigned short nwkAddr)	当节点掉线时,服务程序将调用该函数
void cb_serverGone(void * arg)	当服务程序断线时,该函数被调用

注:上述回调函数的第一个参数称为回调函数参数,其值为在调用 wsncomm_register 函数注册时提供的最后一个参数的值。

函数原型: int wsncomm_unregister(void * user);

功能:向服务程序注销之前注册的回调函数。

参数:user 是使用 wsncomm_register 函数注册时返回的注册句柄。

返回值:成功执行返回 0,否则返回其他值。

头文件:使用本函数需要包含<libwsncomm.h>。

5. 利用服务程序提供的 API 函数编写应用程序

在一般的应用中,向服务程序注册一系列回调函数是最为常见的用法。在这种应用中,

ZigBee 网络中发生了事件时,程序可以及时得到通知。范例代码如下:

```c
#include<stdio.h>
#include<libwsncomm.h>                    //必须包含 libwsncomm.h 头文件

void onNewNode(void * arg, unsigned short nwkAddr, unsigned short parAddr, unsigned
char macAddr[8])
{
    //有新节点加入网络,将这个节点的短地址输出到终端
    printf("A New node coming, address is %04X\n", nwkAddr);
}
void onNewFunc(void * arg, unsigned short nwkAddr, int funcNum, WSNCOMM_NODE_FUNC
* funcList)
{
    //节点的功能被发现,将这些节点的功能输出到终端
    int i;
    printf("The node %04X has %d functions:\n", nwkAddr, funcNum);
    for(i=0; i<funcNum; i++)
    {
        printf("Function %d: funcCode -%02X, funcID -%02X, refresh cycle -%d\n",i,
        funcList[i].funcCode, funcList[i].funcID, funcList[i].rCycle);
    }
}
void onNewData(void * arg, unsigned short nwkAddr, int endPoint, int funcCode, int
funcID, char * data, int len)
{
    //节点有新数据,将数据输出到终端
    int i;
    printf("The node %04X emit a new data:", nwkAddr);
    for(i=0; i<len; i++)
        printf("%02X ", data[i] & 0xFF);
    printf("\n");
}
void onNodeGone(void * arg, unsigned short nwkAddr)
{
    //节点掉线,输出提示信息到终端
    printf("The node %04X gone!\n", nwkAddr);
}
void onServerGone(void * arg)
{
    //服务程序断线,输出提示信息到终端
    printf("The server has gone!\n");
}

int main(int argc, char * argv[])
{
    void * user=wsncomm_register("127.0.0.1",   //连接到本机的服务程序
```

45

```
                    onNewNode,              //注册发现新节点的回调函数
                    onNewFunc,              //注册发现新功能的回调函数
                    onNewData,              //注册新数据的回调函数
                    onNodeGone,             //注册节点掉线的回调函数
                    onServerGone,           //注册服务程序断线的回调函数
                    NULL);                  //回调函数参数
            //判断注册是否成功
            if(user==NULL)
            {
                printf("Register failed!\n");
                return 1;
            }
            while(1)
            {
        //主循环,可以做任何其他的事情,ZigBee网络发生变化时会在相应的回调函数中执行
                sleep(1);
            }
            return 0;
        }
```

　　编译上面的程序时需要注意,由于程序需要使用 libwsncomm.so 函数库,在编译时需要为编译器增加-L. -lwsncomm 的编译参数。

【实验步骤】

　　(1) 按照实验 1.1 中"为实验箱的开发准备计算机端的环境"的方法将计算机与嵌入式网关连接好。

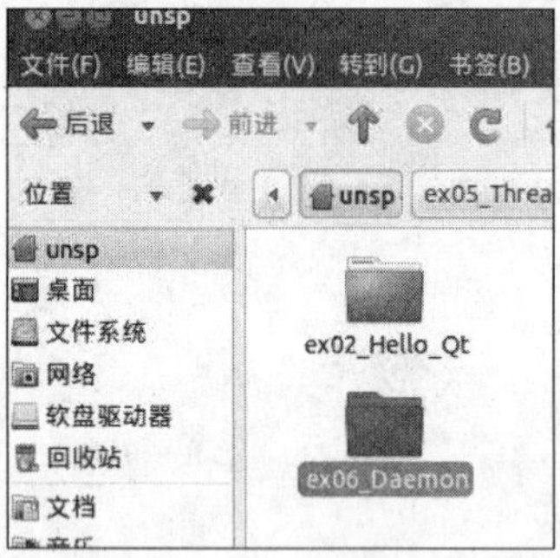

　　(2) 按照实验原理中典型应用程序给出的范例代码编写程序,并保存成.c 程序文件,或者在教材配套资料内按照本实验后面的范例路径找到本实验附带的范例代码,并按照实验 1.1 中"从 Windows 系统复制文件到 Ubuntu 系统"的方法将 ex06_Daemon 文件夹复制到 Ubuntu 系统中,如图 1.84 所示。

图 1.84　复制文件夹到 Ubuntu 系统

　　(3) 在 Ubuntu 系统中打开一个终端,并通过 cd 命令进入到 ex06_Daemon 目录,然后运行下面的命令编译实验程序:arm-linux-gcc -I. wsnUser.c -o wsnUser -L. -lwsncomm -lpthread,如图 1.85 所示。

图 1.85　交叉编译

（4）按照实验 1.1 中下载程序的方法，将编译生成的 wsncomm_user 文件下载到实验箱。

（5）在超级终端中执行下面的命令，运行程序。

```
chmod +x wsnUser
./wsnUser
```

（6）观察超级终端中打印出来的字符串，是否是按照 ZigBee 网络中的变化而变化，如图 1.86 所示。

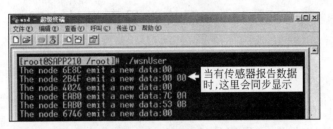

图 1.86　网关后台服务实验现象

（7）如需中止程序的运行，可以在超级终端中按下 Ctrl＋C 组合键。

【范例路径】

本书提供本实验的参考程序，可在清华大学出版社网站下载，路径如下：

物联网高级实践技术\CODE\第 1 章 嵌入式网关基础实验\ex06_Daemon

第 2 章 ZigBee 无线传感网实验

实验 2.1 温度计界面设计实验

【实验目的】

(1) 掌握 Qt 下界面设计的方法。

(2) 掌握标签(Label)、段码液晶(LCDNumber)、滑动条(Slider)、表盘(Dial)等部件的应用。

(3) 掌握 Qt 下使用信号与槽进行部件间关联和配合的方法。

【实验设备】

(1) 装有 Linux 系统或装有 Linux 虚拟机的计算机一台。

(2) 物联网多网技术综合教学开发设计平台一套。

(3) 串口线或 USB 线(A-B)一条。

【实验要求】

利用 Qt 实现具有图 2.1 所示界面的对话框。该对话框左侧的滑动条用于调整摄氏温度的值,右侧的表盘用于调整华氏温度的值。当调整摄氏温度的值时,编程使滑动条左侧的标签显示当前的温度值,并使表盘同步显示对应的华氏温度。当调整华氏温度时,编程使段码液晶显示当前的华氏温度,并使滑动条同步显示对应的摄氏温度。

图 2.1 温度转换器界面

【实验原理】

1. 标签部件

标签部件一般用于显示文本或图像,另外,它也可以被配置成显示不同的内容。应用程序通常可以使用标签部件来标记其他控制部件,或分割不同组别的部件。标签部件可以显示的内容如表 2.1 所示。

当使用表 2.1 列出的函数改变标签控件的显示内容时,之前的显示内容将立即被清除。

表 2.1　标签部件的显示内容及设置方式对照表

显示内容	设置方式
常规文本	传递 QString 文本给 setText()
多格式文本	传递包含有多格式文本的 QString 给 setText()
位图	传递 QPixmap 给 setPixmap()
动态画面	传递 QMovie 给 setMovie()
数字	传递 int 或 double 型的数字给 setNum()
空	使用 clear()或清空显示字符串

标签部件不会产生信号,它只提供了几个槽用来接收其他部件的信号,以便改变自身的某些状态。

在使用标签部件时,需要在源程序中包含 Qlabel 头文件:

```
#include<QLabel>
```

1) 标签部件提供的常用成员函数

标签部件主要提供了以下成员函数,用于控制它的属性或行为。

函数形式:QLabel(Qwidget * parent, Qt::WindowFlags f=0);

函数功能:标签部件类构造函数。

使用说明:在构造标签部件的对象时自动调用该函数。可以用于指定标签部件的父窗口及标签部件的窗体属性。

函数形式:QLabel(const Qstring &test, Qwidget * parent=0, Qt::
　　　　　WindowFlags f=0);

函数功能:标签部件类构造函数。

使用说明:在构造标签部件的对象时,如需指定标签部件的标题,可以使用该构造函数来完成对象的构造过程。它的第一个参数规定了标签部件被创建之后默认显示的文本。

函数形式:void setAlignment(Qt::Alignment);

函数功能:设置对齐方式。

使用说明:该函数可以将标签部件的内容按照指定的对齐方式进行显示。

函数形式:QString text()const

函数功能:获取当前显示的文本。

使用说明:该函数用于获取标签部件当前显示的文本。

2) 标签部件提供的信号槽

为了与其他部件配合,标签部件提供了几个用于接收其他部件信号的槽函数。这些函数主要用于改变标签部件的显示内容。详细内容如下:

槽的形式:void clear();

槽的功能:清除显示内容。

使用说明:该函数用于在信号发出后清除标签部件的显示内容。

槽的形式:void setMovie(QMovie * movie);

槽的功能:显示动态画面。

使用说明:该函数用于在标签部件上显示信号源指定的动态画面。

槽的形式:void setNum(int num);

```
                    void setNum(double num);
```
槽的功能：显示数字。

使用说明：该函数用于在标签部件上显示信号源指定的数字。

槽的形式：void setPicture(const QPicture &picture);

　　　　　void setPixmap(const QPixmap &pixmap);

槽的功能：显示图片。

使用说明：该函数用于在标签部件上显示信号源指定的图片。

槽的形式：void setText(QString &string);

槽的功能：显示文本。

使用说明：该函数用于在标签部件上显示信号源指定的文本字符串。

3）标签部件的典型应用

标签部件对应的类名是 QLabel，定义一个 QLabel 类的对象即可创建一个标签部件。使用下面的代码可以在窗口上放置一个标签部件，并让其在屏幕上显示出来。

```
#include<QApplication>
#include<QLabel>

int main(int argc, char * argv[])
{
    QApplication app(argc, argv);
    QLabel screen("Hello, Qt World!");    //创建一个标签部件，并让其显示一段文本
    screen.show();                        //将标签部件显示出来
    return app.exec();
}
```

标签部件的运行效果如图 2.2 所示。

图 2.2　标签部件的运行效果图

2. 段码液晶部件

1）段码液晶部件概述

段码液晶部件以类似于段码液晶的样式显示数字。它可以以几乎任意大小，以十进制、十六进制、八进制或二进制等多种进制方式来显示数字。利用段码液晶部件的 display()信号槽可以很方便地跟其他数据源部件绑定，用以显示数值信息。经过多次重载的 display()，可以很容易地接收各种参数，以便用来显示不同的数字信息。

用户可以通过 setMode()信号槽修改段码液晶部件显示的数字的进制格式。另外，还可以使用 setSmallDecimalPoint()信号槽来改变十进制模式下小数点的位置。

使用 setNumDigits()可以设置段码液晶部件的显示范围，同时小数点的位置将会影响段码液晶部件所能显示的数字范围。当程序要求段码液晶部件显示的数字超出它所能表示的范围时将产生 overflow()信号。如果被设置为十六进制、八进制或二进制显示方式，那么小数将被变成等价的整数来显示。

段码液晶部件除了可以显示阿拉伯数字之外，还可以用于显示字符 O（与数字 0 相同）、S（与数字 5 相同）、A、B、C、D、E、F、h、H、L、o、P、r、u、U、Y，以及负号、小数点、冒号、引号和空格。其他不能显示自动字符段码液晶部件将以空格代替。

2）段码液晶部件提供的常用成员函数

函数形式：QLCDNumber(uint numDigits, Qwidget * parent=0);

函数功能：段码液晶部件类构造函数。

使用说明：在构造段码液晶部件的对象时，可以通过 numDigits 指定段码液晶显示的数字的位数。

函数形式：bool checkOverflow(double num)const;
　　　　　　bool checkOverflow(int num)const;

函数功能：检查指定的值是否超出段码液晶部件的显示范围。

使用说明：该函数有两种形式，分别接受 double 型和 int 型的数值。应用程序可以用它来检查某个特定的值是否会超出段码液晶的显示范围，如果超出可显示的范围，则返回 True，否则返回 false。应用程序需要根据反馈结果判断是否需要进一步操作。

函数形式：int intValue()const

函数功能：返回显示数值的整数部分。

使用说明：该函数可以返回段码液晶部件当前显示的值的整数部分。这个值也是作为十六进制、八进制或二进制显示的值。

函数形式：Mode mode()const

函数功能：查看当前的显示进制模式。

使用说明：该函数用于检查段码液晶部件当前使用的进制模式。调用此函数后将返回表 2.2 所示的可选值中的一个。

表 2.2　段码液晶的显示模式

常　　量	值	描述	常　　量	值	描述
QLCDNumber∷Hex	0	十六进制	QLCDNumber∷Oct	2	八进制
QLCDNumber∷Dec	1	十进制	QLCDNumber∷Bin	3	二进制

函数形式：int numDigits()const;

函数功能：获取段码液晶当前显示的位数。

使用说明：该函数可以返回当前段码液晶部件能够显示的数字的位数。另外，小数点将会影响位数的数值。当 smallDecimalPoint 为 false 时，小数点将占用一位。

函数形式：SegmentStyle segmentStyle()const

函数功能：获取段码液晶的样式。

使用说明：该函数可以返回段码液晶部件的显示样式。显示样式的可选值参考表 2.3。

表 2.3　段码液晶的显示样式

常　　量	值	描　　述
QLCDNumber∷Outline	0	段码条纹以浮雕样式显示，并以背景色填充
QLCDNumber∷Filled	1	段码条纹以浮雕样式显示，并以前景色填充
QLCDNumber∷Flat	2	段码条纹以平板样式显示，并以前景色填充

函数形式：void setMode(Mode)

函数功能：设置显示进制模式。

使用说明：该函数可以设置段码液晶显示的进制模式。可选模式可以参考表 2.2。

函数形式：void setNumDigits(int nDigits);

函数功能：设置段码液晶显示的位数。

使用说明：该函数可以设置段码液晶显示的位数。

注意：小数点将会影响实际显示的数字的位数。当 smallDecimalPoint 为 false 时，小数点将占用一位。

函数形式：void setSegmentStyle(SegmentStyle);

函数功能：设置段码液晶的显示样式。

使用说明：该函数可以设置段码液晶部件的显示样式。显示样式的可选值参考表 2.3。

函数形式：bool smallDecimalPoint()const;

函数功能：获取小数点的样式。

使用说明：该函数返回 True 时，表示小数点显示在两个数字之间，不单独占用一个位置；当返回 False 时，表示小数点将占用一个显示位置。

函数形式：double value()const;

函数功能：获取段码液晶的当前值。

使用说明：该函数用于获取段码液晶显示的当前值。

3）段码液晶部件发出的信号

段码液晶部件仅当被要求显示超出它的表示范围的数字时发出 overflow 信号。overflow 信号的详情如下：

信号形式：void overflow();

信号描述：段码液晶显示超范围信号。

使用说明：当段码液晶被要求显示的数字超出自身范围时发出此信号。

4）段码液晶部件提供的信号槽

段码液晶部件提供以下几个信号槽：

槽的形式：void display(const QString &s);

　　　　　　　void display(double num);

　　　　　　　void display(int num);

槽的功能：设置段码液晶部件的显示内容。

使用说明：该信号槽用于设置段码液晶部件当前显示的内容。它有三种重载形式，分别接收字符串、双精度变量和整形变量的值。

槽的形式：void setBinMode();

槽的功能：设置显示方式为二进制模式。

使用说明：该信号槽用于将段码液晶部件的显示方式修改为二进制模式。

槽的形式：void setDecMode();

槽的功能：设置显示方式为十进制模式。

使用说明：该信号槽用于将段码液晶部件的显示方式修改为十进制模式。

槽的形式：void setHexMode();

槽的功能：设置显示方式为十六进制模式。

使用说明：该信号槽用于将段码液晶部件的显示方式修改为十六进制模式。

槽的形式：void setOctMode();

槽的功能：设置显示方式为八进制模式。

使用说明：该信号槽用于将段码液晶部件的显示方式修改为八进制模式。

槽的形式：void setSmallDecimalPoint(bool);

槽的功能：设置小数点的样式.

使用说明：该信号槽用于设置十进制模式下小数点的样式。当该信号槽的参数为 True 时，小数点显示在两个数字之间，不单独占用一个位置；当参数为 False 时，小数点将占用一个显示位置。

5) 段码液晶部件的典型应用

段码液晶部件对应的类名是 QLCDNumber，定义一个 QLCDNumber 类的对象即可创建一个段码液晶部件。使用下面的代码可以在窗口上放置一个段码液晶部件，并让其在屏幕上显示出来。

```
#include<QApplication>
#include<QLCDNumber>

int main(int argc, char * argv[])
{
    QApplication app(argc, argv);
    QLCDNumber screen(3);
    screen.setSegmentStyle(QLCDNumber::Filled);
    screen.display(159);
    screen.setGeometry(100, 100, 100, 50);
    screen.show();
    return app.exec();
}
```

图 2.3　段码液晶部件的运行效果图

段码液晶部件的运行效果如图 2.3 所示。

3. 滑动条部件

1) 滑动条部件概述

滑动条部件提供了一个水平或垂直方向的滑动条，它是一个经典的部件，可以用来控制一个带有范围的数值。滑动条部件允许用户在水平或垂直方向上移动滑动条上的滑块，并将滑块在滑动条上的位置转换成一个对应设定范围内的整数。滑动条部件只提供了少量比较有用的函数：setValue()可以设置滑块的位置。triggerAction()可以仿真被点击的效果（可以用于快捷键操作）。setSingleStep()和 setPageStep()可以用于设置移动的步长。setMinimum()和 setMaximum()可以设置滑动条所代表的数值范围，也可以使用 setRange()一次性指定它的数值范围的最小和最大值。

2) 滑动条部件提供的常用成员函数

函数形式：QSlider(Qt::Orientation orientation, Qwidget * parent=0);

函数功能：滑动条部件类构造函数。

使用说明：在构造滑动条部件的对象时，可以通过 orientation 指定滑动条水平放置还是垂直放置。可选值有 Qt::Horizontal，表示水平放置；Qt::Vertical，表示垂直放置。

3) 滑动条部件发出的信号

滑动条部件类(QSlider)集成于 QAbstractSlider 类，QAbstractSlider 类是用于实现滑

动条、滚动条等部件所设计的一个基础类。滑动条部件所能发出的信号全部来源于 QAbstractSlider 类。详细内容如下：

信号形式：void actionTriggered(int action);

信号描述：滑动条动作改变信号。

使用说明：当滑动条的动作发生改变时将发出此信号。action 代表了发出此信号时滑动条进行的动作。action 代表的动作如表 2.4 所示。

表 2.4　滑动条动作代码及描述

动　作	意　义	动　作	意　义
SliderSingleStepAdd	滑动条发生单步增加动作	SliderToMinimum	滑动条移动到最小
SliderSingleStepSub	滑动条发生单步减少动作	SliderToMaximum	滑动条移动到最大
SliderPageStepAdd	滑动条发生块增加动作	SliderMove	滑动条发生移动
SliderPageStepSub	滑动条发生块减少动作		

信号形式：void rangeChanged(int min, int max);

信号描述：滑动条数值范围发生改变。

使用说明：当滑动条的数值范围发生改变时将发出此信号。min 和 max 分别代表了新的数值范围的最小和最大值。

信号形式：void sliderMoved(int value);

信号描述：滑块被按下并被移动。

使用说明：滑动条处于 sliderDown 状态并且滑块被移动时将发出此信号。该信号通常发生在用户拖曳滑块的时候。value 代表了当前滑块的位置所代表的值。

信号形式：void sliderPressed();

信号描述：滑块被按下。

使用说明：滑动条处于 sliderDown 状态时将发出此信号。通常该信号表示滑块被鼠标按下，或者其他程序调用了 setSliderDown(True)。

信号形式：void sliderReleased();

信号描述：滑块抬起。

使用说明：滑动条的 sliderDown 状态变为 false 时将发出此信号。通常该信号表示滑块被鼠标释放，或者其他程序调用了 setSliderDown(false)。

信号形式：void valueChanged(int value);

信号描述：滑动条的值发生变化。

使用说明：滑动条的值发生变化时将发出此信号。value 代表了当前滑动条的值。

4) 滑动条部件提供的信号槽

滑动条部件类的信号槽全部集成自 QAbstractSlider 类，提供了用于改变自身状态和行为的方法。详细内容如下：

槽的形式：void setOrientation(Qt::Orientation orientation);

槽的功能：改变滑动条的外观。

使用说明：该信号槽用于修改滑动条的外观，orientation 表示修改后的外观样式。

槽的形式：void setValue(int value);

槽的功能：改变滑动条的数值。

使用说明：该信号槽用于修改滑动条的值（即滑块的位置），value 指定了新的值。

5）滑动条部件的典型应用

滑动条部件对应的类名是 QSlider，定义一个 QSlider 类的对象即可创建一个滑动条部件。使用下面的代码可以在窗口上放置一个滑动条部件，并让其在屏幕上显示出来。

```
#include<QApplication>
#include<QSlider>

int main(int argc, char * argv[])
{
    QApplication app(argc, argv);
    QSlider screen(Qt::Vertical);            //创建一个垂直方向的滑动条
    screen.setRange(0, 100);                 //设置滑动条的数值范围
    screen.setValue(50);                     //设置滑动条当前值
    screen.setGeometry(100, 100, 50, 100);
    screen.show();
    return app.exec();
}
```

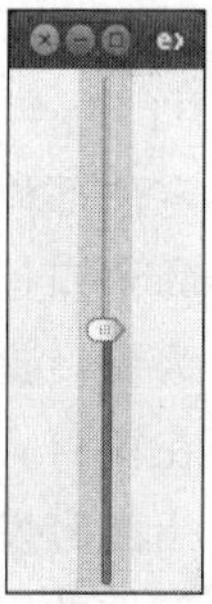

图 2.4　滑动条部件的运行效果图

滑动条部件的运行效果如图 2.4 所示。

4. 表盘部件

1）表盘部件概述

表盘部件提供了一个圆形的数值范围控制部件，它看起来就像是一个汽车里使用的速度罗盘。它经常被用在需要在某个范围内对一个值进行调整的场合（类似滑动条部件），并且它的数值指示器可以绕成一个圆形。与滑动条部件类似，表盘部件也继承自 QAbstractSlider。这意味着表盘部件与滑动条部件拥有相似的行为，只是在视觉效果上不一样，一个是将标尺绕成圆形，一个是直线。特别的，当表盘部件的 wrapping 属性为 False 时，它看起来跟滑动条部件没有任何区别。它们具有相同的信号、信号槽和成员函数。至于到底需要使用滑动条部件还是表盘部件，仅取决于应用程序的界面布局。

由于表盘部件与滑动条部件的相似性，这里不再详细介绍表盘部件的用法，只介绍它与滑动条部件不同的一个函数：

函数形式：void setWrapping(bool on);

函数功能：修改表盘部件的样式。

使用说明：当 on 为 True 时，表盘部件的标尺以圆形被绘制，看起来就像汽车上的速度罗盘；当 on 为 False 时，表盘部件看起来跟滑动条部件一模一样。

2）表盘部件的典型应用

表盘部件对应的类名是 QDial，定义一个 QDial 类的对象即可创建一个表盘部件。使用下面的代码可以在窗口上放置一个表盘部件，并让其在屏幕上显示出来。

```
#include<QApplication>
#include<QDial>
```

```
int main(int argc, char * argv[])
{
    QApplication app(argc, argv);
    QDial screen;
    screen.setRange(32, 212);
    screen.setValue(50);
    screen.setNotchesVisible(true);
    screen.show();
    return app.exec();
}
```

图 2.5　表盘部件的运行效果图

表盘部件的运行效果如图 2.5 所示。

5. 布局管理器

Qt 的布局管理器提供了一种简单但是有效的部件管理机制。使用 Qt 的布局管理器的好处如下：

- 定位部件的位置。
- 为窗口提供默认大小信息。
- 为窗口提供最小尺寸信息。
- 在窗口大小发生变化时及时调整各个部件。
- 当内容发生变化时自动更新内容。
- 部件的字体大小、内容发生变化。
- 显示或隐藏一个部件。
- 移除一个部件。

Qt 提供了一些用于布局的 C++ 类，主要包括 QHBoxLayout、QVBoxLayout 和 QGridLayout 等。利用这些类用户可以方便地对部件进行布局管理。

1) QHBoxLayout(水平布局管理器)

QHBoxLayout 类提供了水平布局管理器的功能。利用这个类可以将部件按照水平方向依次排列，如图 2.6 所示。

图 2.6　水平布局管理器效果图

在使用水平布局管理器时，最重要的是利用 addWidget()将需要布局的部件添加到水平布局管理器的管理范围内。addWidget()的详细描述如下：

函数形式：void addWidget(QWidget * w);

函数功能：添加部件到布局管理器。

使用说明：必须使用该函数将部件添加至布局管理器。

布局管理器还应该附属于某个容器部件。一般情况下，布局管理器与应用程序的主窗体相关联，表示当主窗体显示的时候，布局管理器也同时显示并开始工作。使用 setLayout()可以设置当前主窗体部件所使用的布局管理器。该函数的详细描述如下：

函数形式：void QWidget::setLayout(QLayout * layout);

函数功能：设置某个部件使用指定的布局管理器。

使用说明：一般情况下至少需要为主窗体部件关联一个布局管理器。

使用水平布局管理器的范例代码如下：

```cpp
#include<QWidget>
#include<QApplication>
#include<QPushButton>
#include<QHBoxLayout>

//自定义类,重载自 QWidget,用于构建主窗体
class MyScreen: public QWidget
{
public:
        MyScreen();
        ~MyScreen(){};

private:
    void createScreen();
    QPushButton * m_PushButton[5];          //主窗体上的 5 个按钮
    QHBoxLayout * m_Layout;                 //主窗体使用的布局管理器
};

MyScreen::MyScreen(): QWidget()
{
        createScreen();                     //在构造函数中创建各个子部件
}

void MyScreen::createScreen()
{
        int i;
        m_Layout=new QHBoxLayout;           //创建水平部件管理器
        for(i=0; i<5; i++)
        {
            m_PushButton[i]= new QPushButton (QString ("Button") + QString::number
            (i));                           //创建按钮
            m_Layout->addWidget(m_PushButton[i]);     //将按钮添加到水平布局管理器内
        }
    setLayout(m_Layout);                    //设置主窗体的布局管理器
}

//应用程序入口
int main(int argc, char * argv[])
{
    QApplication app(argc, argv);
    MyScreen screen;                        //利用自定义类创建主窗体
    screen.show();                          //将主窗体显示出来
```

```
        return app.exec();
}
```

2) QVBoxLayout(垂直布局管理器)

QVBoxLayout 类提供了垂直布局管理器的功能。利用这个类可以将部件按照垂直方向依次排列,如图 2.7 所示。

垂直布局管理器的使用方法与水平布局管理器的使用方法类似,在创建垂直布局管理器之后,利用 addWidget()将部件添加至布局管理器内,最后使用 setLayout()将其设置成主窗体部件所使用的布局管理器即可,这里不再详细描述。

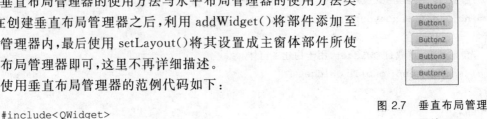

图 2.7　垂直布局管理器效果图

使用垂直布局管理器的范例代码如下:

```cpp
#include<QWidget>
#include<QApplication>
#include<QPushButton>
#include<QVBoxLayout>

//自定义类,重载自 QWidget,用于构建主窗体
class MyScreen: public QWidget
{
public:
        MyScreen();
        ~MyScreen(){};

private:
    void createScreen();
    QPushButton * m_PushButton[5];              //主窗体上的 5 个按钮
    QVBoxLayout * m_Layout;                     //主窗体使用的布局管理器
};


MyScreen::MyScreen(): QWidget()
{
        createScreen();                         //在构造函数中创建各个子部件
}


void MyScreen::createScreen()
{
        int i;
        m_Layout=new QVBoxLayout;               //创建垂直部件管理器
        for(i=0; i<5; i++)
        {
            m_PushButton[i]= new QPushButton (QString ("Button") + QString::number
            (i));                               //创建按钮
            m_Layout->addWidget(m_PushButton[i]);  //将按钮添加到垂直布局管理器内
        }
    setLayout(m_Layout);                        //设置主窗体的布局管理器
```

58

```
}

//应用程序入口
int main(int argc, char * argv[])
{
    QApplication app(argc, argv);
    MyScreen screen;                 //利用自定义类创建主窗体
    screen.show();                   //将主窗体显示出来
    return app.exec();
}
```

3) QGridLayout(栅格布局管理器)

QGridLayout 类提供了栅格布局管理器的功能。利用这个类可以将部件按照类似棋盘的栅格的形式依次排列，如图 2.8 所示。

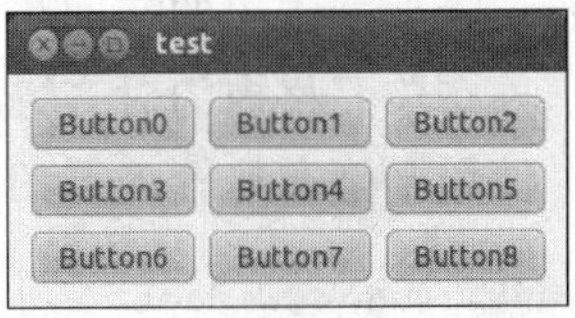

栅格布局管理器提供了比水平布局管理器和垂直布局管理器更丰富和灵活的布局管理功能。它把空间按照行和列拆分为多个网格，并将部件放入相应的网格里。

用户可以很容易的控制行和列的行为。这里将以列为例讨论用户可以控制的行为，对行的控制与之对应。

图 2.8　栅格布局管理器效果图

每一列都可以设置一个最小宽度和伸长因子。最小宽度规定了所有处于这一列中的部件的最小宽度，可以通过 setColumnMinimumWIdth()来设置。伸长因子规定了所有处于这一列中的部件最大可以伸长到最小宽度的多少倍，可以通过 setColumnStretch()来设置。

通常可以使用 addWidget()将一个部件或其他的布局管理器放置在栅格中的一个单元格内。用户也可以让某个部件占据多个单元格的位置。使用经过重载的 addWidget()，用户可以设置当前添加的部件跨越几行几列。

使用 remove()可以将一个部件从栅格中删除，或者使用 hide()将某个部件隐藏起来，也可以达到像删除一样的效果，并且在适当的时候还可以使用 show()令其重新显示出来。

栅格布局管理器的常用函数如下：

函数形式：void addWidget(QWidget * w, int row, int column, Qt::
　　　　　Alignment alignment=0);

函数功能：添加部件到布局管理器。

使用说明：该函数可以向第 row 行，第 column 列的单元格里添加一个部件。alignment 可以指定部件在单元格内的对齐方式，可选值如表 2.5 所示。

表 2.5　对齐方式对照表

常　　量	值	描　　述	常　　量	值	描　　述
Qt::AlignLeft	0x0001	左对齐	Qt::AlignHCenter	0x0004	水平居中对齐
Qt::AlignRight	0x0002	右对齐	Qt::AlignJustify	0x0008	使内容适应显示区域

函数形式：void addWidget(QWidget * w, int fromRow, int fromColumn,
　　　　　int rowSpan, int columnSpan, Qt::Alignment alignment=0);

函数功能：添加部件到布局管理器。

使用说明：该函数可以向第 row 行，第 column 列的单元格里添加一个部件，并且部件占用的空间将横跨 columnSpan 个列,纵跨 rowSpan 个行。alignment 可以指定部件在单元格内的对齐方式,可选值如表 2.5 所示。

函数形式: void addLayout (QLayout * layout, int row, int column, Qt::Alignment alignment=0);

函数功能:添加其他的布局管理器到栅格布局管理器。

使用说明:该函数可以向第 row 行,第 column 列的单元格里添加一个布局管理器。alignment 可以指定布局管理器在单元格内的对齐方式,可选值如表 2.5 所示。

函数形式: void addLayout (QLayout * layout, int fromRow, int fromColumn, int rowSpan, int columnSpan, Qt::Alignment alignment=0);

函数功能:添加其他的布局管理器到栅格布局管理器。

使用说明:该函数可以向第 row 行,第 column 列的单元格里添加一个布局管理器,并且布局管理器占用的空间将横跨 columnSpan 个列,纵跨 rowSpan 个行。alignment 可以指定部件在单元格内的对齐方式,可选值如表 2.5 所示。

使用栅格布局管理器的范例代码如下:

```cpp
#include<QWidget>
#include<QApplication>
#include<QPushButton>
#include<QGridLayout>

//自定义类,重载自 QWidget,用于构建主窗体
class MyScreen: public QWidget
{
public:
        MyScreen();
        ~MyScreen(){};

private:
    void createScreen();
    QPushButton * m_PushButton[9];          //主窗体上的 9 个按钮
    QGridLayout * m_Layout;                 //主窗体使用的布局管理器
};

MyScreen::MyScreen(): QWidget()
{
        createScreen();                     //在构造函数中创建各个子部件
}

void MyScreen::createScreen()
{
        int i;
        m_Layout=new QGridLayout;           //创建栅格布局管理器
        for(i=0; i<9; i++)
        {
            m_PushButton[i]=new QPushButton(QString("Button")+QString::number
```

```
                (i));                              //创建按钮
        m_Layout->addWidget(m_PushButton[i], i / 3, i %3);
                                                   //将按钮添加到栅格布局管理器内
    }
    setLayout(m_Layout);                          //设置主窗体的布局管理器
}

int main(int argc, char * argv[])
{
    QApplication app(argc, argv);
    MyScreen screen;                              //利用自定义类创建主窗体
    screen.show();                                //将主窗体显示出来
    return app.exec();
}
```

6. 本实验的实验原理

在本实验中,需要实现温度转换计的界面,并实现摄氏温度与华氏温度之间的关联,当两者中的一个发生变化时另外一个可以随之变化。

本实验共计使用了 7 个部件,它们的布局如图 2.9 所示。

可以使用水平布局管理器和垂直布局管理器混合的方式来实现这种布局。在本实验中使用栅格布局管理器来实现。由于界面中有些部件并不是占据一个栅格中的一个单元格,因此需要将布局简单拆分一下,如图 2.10 所示。

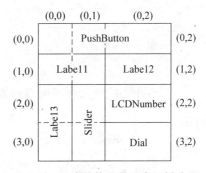

图 2.9　温度转换器界面布局　　　　　图 2.10　温度转换器界面布局拆分图

可以看到,PushButton 占据了三个单元格,以(0,0)单元格起始。Label1 占据了两个单元格,以(1,0)单元格起始,依此类推。所以使用栅格布局管理器可以使用下面的示例代码完成应用程序布局。

```
//PushButton 从单元格(0, 0)开始,横跨三个单元格
m_Layout->addWidget(m_PushButton, 0, 0, 1, 3);
//Label1 从单元格(1, 0)开始,横跨两个单元格
m_Layout->addWidget(m_Label1, 1, 0, 1, 2);
//Label2 从单元格(1, 2)开始
m_Layout->addWidget(m_Label2, 1, 2);
//Label3 从单元格(2, 0)开始,纵越两个单元格
m_Layout->addWidget(m_Label3, 2, 0, 2, 1);
```

```
//Slider 从单元格(2, 1)开始,纵越两个单元格
m_Layout->addWidget(m_Slider, 2, 1, 2, 1);
//LCDNumber 从单元格(2, 2)开始
m_Layout->addWidget(m_LCDNumber, 2, 2);
//Dial 从单元格(3, 2)开始
m_Layout->addWidget(m_Dial, 3, 2);
```

摄氏温度与华氏温度之间的转换关系为：

$$摄氏温度＝（华氏温度－32）×5÷9$$

当滑动条发生变化时,要求 Label3 可以显示当前的摄氏温度值,所以需要将滑动条的 valueChanged 信号与 Label3 的 setNum 信号槽关联,示例代码如下：

```
connect(m_Slider, SIGNAL(valueChanged(int)), m_Label3, SLOT(setNum(int)));
```

同样,当表盘发生变化时,要求 LCDNumber 可以显示当前的华氏温度值,所以需要将表盘的 valueChanged 信号与 LCDNumber 的 display 信号槽关联,示例代码如下：

```
connect(m_Dial, SIGNAL(valueChanged(int)), m_LCDNumber, SLOT(display(int)));
```

同时,当滑动条发生变化时,还需要让表盘相应的发生变化。为了实现摄氏温度向华氏温度的转换,需要为窗体实现一个自定义的信号槽,用来接收滑动条的 valueChanged 信号,并将摄氏温度转换成华氏温度,并反应到表盘上。信号槽的实现如下：

```
void MyWid::celToFah(int celNum)
{
    int fahNum= (celNum * 9 / 5)+32;          //将摄氏温度值转换为华氏温度值
    m_Dial->setValue(fahNum);                 //让表盘显示对应的华氏温度
    m_LCDNumber->display(fahNum);             //让 LCDNumber 的显示结果同时发生变化
}
```

另外,还需要在类的定义中声明该函数为信号槽函数。

```
public slots:
        void celToFah(int celNum);
```

类似的,当表盘发生变化时,还需要使滑动条同时变化,以便实现华氏温度值向摄氏温度值的转换。该自定义信号槽的实现如下：

```
void MyWid::fahToCel(int fahNum)
{
    int celNum= (fahNum -32) * 5 / 9;         //将华氏温度值转换为摄氏温度值
    m_Slider->setValue(celNum);               //让滑动条显示对应的摄氏温度
    m_Label3->setNum(celNum);                 //让 Label3 的显示结果同时发生变化
}
```

同样,该函数也需要声明为信号槽函数。

```
public slots:
        void celToFah(int celNum);
        void fahToCel(int fahNum);
```

最后，使用 connect 函数将这两个信号槽分别与滑动条和表盘关联。

```
connect(m_Slider, SIGNAL(valueChanged(int)), this, SLOT(celToFah(int)));
connect(m_Dial, SIGNAL(valueChanged(int)), this, SLOT(fahToCel(int)));
```

【实验步骤】

（1）将实验箱的串口和网线连接到计算机，硬件详细连接如图 1.19 所示。

（2）将教材配套的本实验的范例代码 ex09_Temperaturee 文件夹复制到 Ubuntu 系统中。

（3）在 ex09_Temperature 文件夹中找到 ex09_Temperature.pro 文件，如图 2.11 所示。

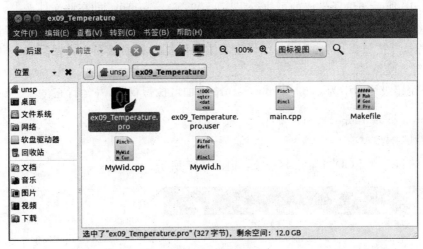

图 2.11 工程文件

（4）双击 ex09_Temperature.pro，打开工程，在弹出的 Project setup 页面中确保 Qt for A8 已经被选中，如图 2.12 所示。

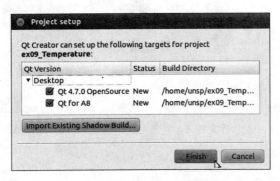

图 2.12 确保 Qt for A8 已经选中

（5）在左下角的编译选择中选择 Qt for A8 Release，如图 2.13 所示。

（6）单击图 2.14 中左下角的 Build All 按钮，即可开始编译实验箱运行的版本。

（7）当看到编译选择按钮上方的进度条变成绿色，即表示编译完成，如图 2.15 所示。

单击Build按钮

图 2.13　确保选择了 Qt for A8 Release　　图 2.14　单击编译按钮　　图 2.15　编译完成

（8）在工程的保存目录中可以找到一个名为 ex09_Temperature-build-desktop 的文件夹，如图 2.16 所示。编译生成的可执行程序 ex09_Temperature 即在此文件夹中。

（9）将 ex09_Temperature-build-desktop 文件夹中的 ex09_Temperature 文件复制到 Windows 下，并按照实验 1.1 中"将编译生成的文件复制到实验箱上并运行"的下载程序的方法下载到实验箱。

（10）在超级终端中为 ex09_Temperature 添加可执行权限，并运行它。

```
chmod +x ex09_Temperature
./ex09_Temperature
```

（11）运行后在 LCD 屏幕观察现象，如图 2.17 所示。

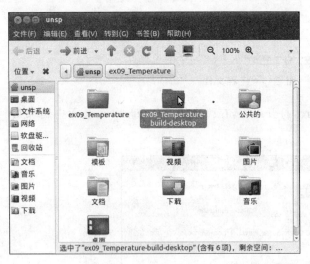

图 2.16　目标文件夹　　　　　　　　　　图 2.17　温度 Qt 程序的界面

【范例路径】

本书提供本实验的参考程序，可在清华大学出版社网站下载，路径如下：

物联网高级实践技术\CODE\第 2 章 ZigBee 无线传感网实验\ex09_Temperature 下的文件

实验 2.2　文本编辑器实验

【实验目的】

(1) 掌握利用 QMainWindow 进行文档类型的应用程序的界面设计的方法。
(2) 掌握在 QMainWindow 中菜单栏和状态栏的应用。
(3) 掌握文本编辑部件 QTextEdit 的应用。

【实验设备】

(1) 装有 Linux 系统或装有 Linux 虚拟机的计算机一台。
(2) 物联网多网技术综合教学开发设计平台一套。
(3) 串口线或 USB 线(A-B)一条。

【实验要求】

利用 Qt 实现如图 2.1 所示的文本编辑器。该文本编辑器具有基本的菜单项,如图 2.18 所示。同时,文本编辑器还具有一个图 2.19 所示的状态栏,可以显示菜单提示以及文件操作提示等。

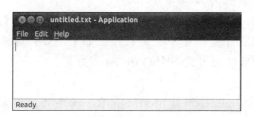

图 2.18　文本编辑器界面

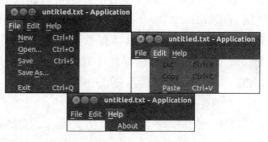

图 2.19　文本编辑器的菜单栏

【实验原理】

1. QMainWindow

1) QMainWindow 简介

QMainWindow 类提供了一个主应用程序窗口。它不同于对话框窗口,而是提供一种框架结构的窗口。

2) Qt 的主框架窗口

主窗口提供了一个框架结构用于建立用户界面。QMainWindow 提供了这种框架结构的管理方法。QMainWindow 具有自己的布局管理方式,包含了诸如 QToolBars(工具栏)、

QDockWidgets(悬靠部件)、QMenuBar(菜单栏)、QStatusBar(状态栏)在内的多种窗体内容。QMainWindow 的布局内包含有一个可以放置任何部件的主要的区域。QMainWindow的布局结构如图 2.20 所示。

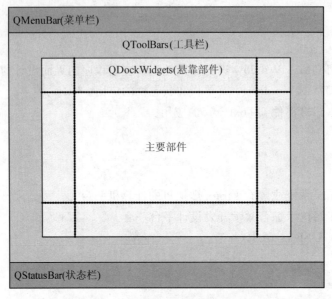

图 2.20　QMainWindow 的布局结构图

3）创建主要部件

主要部件区域比较典型的是一个标准的 Qt 部件，如 QTextEdit（文本编辑部件）或 QGraphicsView 等。自定义部件也可以被放到这里，以便实现一些比较高级的功能或应用。使用 setCentralWidget() 可以方便地将一个部件设置为 QMainWindow 的主要部件。

QMainWindow 可以具有单文档或多文档的界面模式。例如，将一个 QTextEdit 设置为 QMainWindow 的主要部件时，相当于该应用程序是一个单文档程序。如果需要创建多文档应用程序，只需要将 QMainWindow 的主要部件设置成一个 QMdiArea 即可。

4）创建菜单

QMenu 类实现了菜单的相关操作。QMainWindow 类使用 QMenuBar 类来管理一系列的 QMenu，通过 QActions 类实现菜单下各个条目的显示、动作和快捷键管理等。

通过调用 QMainWindow 类的 menuBar()，用户可以获取 QMainWindow 默认的菜单栏，然后可以使用 QMenuBar::addMenu() 将一个菜单添加到菜单栏，接着使用 QMenu::addAction() 向这个菜单里添加条目。

典型的创建菜单的示例代码如下：

```
void MainWindow::createMenus()
{
    QMenu * fileMenu=menuBar()->addMenu(tr("&File"));  //添加 File 菜单
    fileMenu->addAction(tr("&New"), this, SLOT(newFile()),    //添加 New 项到 File 菜单
            QKeySequence(tr("Ctrl+N",
                            "File|New")));
    fileMenu->addAction(tr("&Open..."), this, SLOT(openFile()),
                                                //添加 New 项到 File 菜单
```

```
                          QKeySequence(tr("Ctrl+O",
                                          "File|Open")));
     fileMenu->addAction(tr("E&xit"), qApp, SLOT(quit()),      //添加 New 项到 File 菜单
                          QKeySequence(tr("Ctrl+Q",
                                          "File|Exit")));
    }
```

5）创建工具栏

QToolBar 类实现了工具栏的相关操作。使用 addToolBar()可以将一个工具栏添加到 QMainWindow 内。本实验中没有使用到工具栏，所以不再详述。工具栏的典型使用示例代码如下：

```
void MainWindow::createToolBars()
{
QToolBar * fileToolBar=addToolBar(tr("File"));                  //添加名为 File 的工具栏
fileToolBar->addAction(QIcon(":/images/new.png"), tr("New"), this, SLOT(newFile()));
fileToolBar- > addAction (QIcon (":/images/open. png"), tr ("Open"), this, SLOT
(openFile()));
fileToolBar->addAction(QIcon(":/images/exit.png"), tr("Exit"), qApp, SLOT(quit()));
  }
```

6）创建状态栏

通过 setStatusBar()可以为 QMainWindow 指定一个状态栏。或者，当第一次调用 statusBar()时，系统会自动为 QMainWindow 创建一个默认的状态栏。状态栏由类 QStatusBar 来实现。最主要的操作是 showMessage()，可以用来在状态栏上显示一段文字。

2. 文本编辑部件

文本编辑部件(QTextEdit)提供了文本显示和文本编辑的功能，并且可以显示带格式的文本。文本编辑部件是一个高级的所见即所得的显示/编辑器，它支持 HTML 格式的带格式文本，并且已经针对大文档处理做了高度优化，可以快速响应用户的输入。

文本编辑部件在显示段落时具备自动换行功能。同时，文本编辑部件还可以显示图像、列表和表格。当文本编辑部件显示的内容超出它的显示范围时，它会自动显示滚动条。

通过 setFontItalic()、setFontWeight()、setFontUnderline()、setFontFamily()、setFontPointSize()、setTextColor()和 setCurrentFont()，可以方便地修改文本编辑部件当前显示的文本的格式，通过 setAlignment()可以修改文本的对齐方式。

当文本编辑部件上显示的光标移动时，如果光标所在位置的文本的字体格式与之前发生了变化，文本编辑部件会发出 currentCharFormatChanged()信号，应用程序可以根据需要来接收处理这个信号。

文本编辑部件内部维护着一个 QTextDocument 对象，可以通过 document()来获取指向这个对象的指针。该对象包含了当前文本编辑部件显示的所有文本，以及它们的字体格式等信息。应用程序也可以使用 setDocument()来为文本编辑部件指定另外的 QTextDocument 对象。QTextDocument 对象在它内部的内容发生变化时会发出 textChanged()信号，同时它还提供 isModified()，以便应用程序可以查询自从上次为它加载

内容以来它的内容是否发生过变化。使用 setModified()可以修改这个标志。

文本编辑部件默认提供了表 2.6 所示按键的处理功能,应用程序无须再编写任何代码来实现它们。

表 2.6 文本编辑部件支持的功能键

按　　键	动　　作
Ctrl+V	将剪贴板的内容粘贴到光标所在的位置
Shift+Insert	将剪贴板的内容粘贴到光标所在的位置
向左方向键	将光标向左移动一个字母
Ctrl+向左方向键	将光标向左移动一个单词
Ctrl+C	复制选中的文本到剪贴板
Ctrl+Insert	复制选中的文本到剪贴板
Ctrl+X	将选中的文本剪切到剪贴板
Shift+Delete	将选中的文本剪切到剪贴板
向右方向键	将光标向右移动一个字母
Ctrl+向右方向键	将光标向右移动一个单词
Ctrl+Home	将光标移动到所有文本的开始
Ctrl+End	将光标移动到所有文本的结尾
Backspace	删除光标前面的字符
Delete	删除光标后面的字符
Ctrl+Z	撤销最后一次操作
Ctrl+Y	恢复最后一次操作
向上方向键	将光标向上移动一行
向下方向键	将光标向下移动一行
向上翻页键	将光标向上移动一页
向下翻页键	将光标向下移动一页
Home	将光标移动到行首
End	将光标移动到行尾
Ctrl+K	删除光标之后的所有内容

3. 本实验的实验原理

本实验需要实现的文本编辑器是一个典型的单文档应用程序。所以,需要自 QMainWnidow 类继承得到一个自定义类,假设称做 MainWindow 类。在 MainWindow 类的构造函数中需要将一个 QTextEdit 对象设置为该主窗体的主要部件,同时为 MainWindow 创建一个菜单,并设置菜单的信号与 MainWindow 的相关槽函数的关联。MainWindow 类的构造函数的示例代码如下:

```
MainWindow::MainWindow()
{
    textEdit=new QTextEdit;              //创建文本编辑器部件
    setCentralWidget(textEdit);          //将文本编辑器部件设置为主要部件

    createActions();                     //创建动作
    createMenus();                       //创建菜单
```

```
    createStatusBar();                              //创建状态栏
}
```

其中,创建动作、创建菜单以及创建状态栏的代码如下:

```cpp
void MainWindow::createActions()
{
    newAct=new QAction(tr("&New"), this);
    newAct->setShortcut(tr("Ctrl+N"));
    newAct->setStatusTip(tr("Create a new file"));
    connect(newAct, SIGNAL(triggered()), this, SLOT(newFile()));

    openAct=new QAction(tr("&Open..."), this);
    openAct->setShortcut(tr("Ctrl+O"));
    openAct->setStatusTip(tr("Open an existing file"));
    connect(openAct, SIGNAL(triggered()), this, SLOT(open()));

    saveAct=new QAction(tr("&Save"), this);
    saveAct->setShortcut(tr("Ctrl+S"));
    saveAct->setStatusTip(tr("Save the document to disk"));
    connect(saveAct, SIGNAL(triggered()), this, SLOT(save()));

    saveAsAct=new QAction(tr("Save &As..."), this);
    saveAsAct->setStatusTip(tr("Save the document under a new name"));
    connect(saveAsAct, SIGNAL(triggered()), this, SLOT(saveAs()));

    exitAct=new QAction(tr("E&xit"), this);
    exitAct->setShortcut(tr("Ctrl+Q"));
    exitAct->setStatusTip(tr("Exit the application"));
    connect(exitAct, SIGNAL(triggered()), this, SLOT(close()));

    cutAct=new QAction(tr("Cu&t"), this);
    cutAct->setShortcut(tr("Ctrl+X"));
    cutAct->setStatusTip(tr("Cut the current selection's contents to the "
            "clipboard"));
    connect(cutAct, SIGNAL(triggered()), textEdit, SLOT(cut()));

    copyAct=new QAction(tr("&Copy"), this);
    copyAct->setShortcut(tr("Ctrl+C"));
    copyAct->setStatusTip(tr("Copy the current selection's contents to the "
            "clipboard"));
    connect(copyAct, SIGNAL(triggered()), textEdit, SLOT(copy()));

    pasteAct=new QAction(tr("&Paste"), this);
    pasteAct->setShortcut(tr("Ctrl+V"));
    pasteAct->setStatusTip(tr("Paste the clipboard's contents into the current "
            "selection"));
```

```
        connect(pasteAct, SIGNAL(triggered()), textEdit, SLOT(paste()));

        aboutAct=new QAction(tr("&About"), this);
        aboutAct->setStatusTip(tr("Show the application's About box"));
        connect(aboutAct, SIGNAL(triggered()), this, SLOT(about()));

        cutAct->setEnabled(false);
        copyAct->setEnabled(false);
        connect(textEdit, SIGNAL(copyAvailable(bool)),cutAct, SLOT(setEnabled(bool)));
        connect(textEdit, SIGNAL(copyAvailable(bool)),copyAct, SLOT(setEnabled(bool)));
    }

void MainWindow::createMenus()
    {
        fileMenu=menuBar()->addMenu(tr("&File"));
        fileMenu->addAction(newAct);
        fileMenu->addAction(openAct);
        fileMenu->addAction(saveAct);
        fileMenu->addAction(saveAsAct);
        fileMenu->addSeparator();
        fileMenu->addAction(exitAct);

        editMenu=menuBar()->addMenu(tr("&Edit"));
        editMenu->addAction(cutAct);
        editMenu->addAction(copyAct);
        editMenu->addAction(pasteAct);

        menuBar()->addSeparator();

        helpMenu=menuBar()->addMenu(tr("&Help"));
        helpMenu->addAction(aboutAct);
    }

void MainWindow::createStatusBar()
    {
        statusBar()->showMessage(tr("Ready"));
    }
```

在上面的代码中,createAction()创建了菜单所需的动作,并将这些动作与信号槽关联,然后在 createMenu()中将这些动作与菜单的项关联,从而实现菜单的项被单击之后的动作。

其中,与动作关联的信号槽函数需要自行编写,并在自定义类的声明中将它们声明为槽函数,代码如下:

```
class MainWindow: public QMainWindow
    {
        Q_OBJECT                        //当需要与自定义的槽函数关联时,必须加入该宏
```

```
public:
    MainWindow();

private slots:
    void newFile();                //用于处理菜单的 New 动作的槽函数
    void open();                   //用于处理菜单的 Open 动作的槽函数
    bool save();                   //用于处理菜单的 Save 动作的槽函数
    bool saveAs();                 //用于处理菜单的 Save As 动作的槽函数
    void about();                  //用于处理菜单的 About 动作的槽函数
```

【实验步骤】

(1) 将实验箱的串口和网线连接到计算机，硬件详细连接如图 1.19 所示。

(2) 将教材配套的本实验的范例代码 ex10_TextEditor 文件夹复制到 Ubuntu 系统中。

(3) 在 ex10_TextEditor 文件夹中找到 ex10_TextEditor.pro 文件，类似图 2.11 所示。

(4) 双击 ex10_TextEditor，打开工程，在弹出的 Project setup 页面中确保 Qt for A8 已经被选中，类似图 2.12 所示。

(5) 在左下角的编译选择中选择 Qt for A8 Release，如图 2.13 所示。

(6) 单击图 2.14 中左下角的 Build All 按钮，即可开始编译实验箱运行的版本。

(7) 当看到编译选择按钮上方的进度条变成绿色，即表示编译完成，如图 2.15 所示。

(8) 在工程的保存目录中可以找到一个名为 ex10_TextEditor-build-desktop 的文件夹，类似图 2.16 所示。编译生成的可执行程序 ex10_TextEditor 即在此文件夹中。

(9) 将 ex10_TextEditor-build-desktop 文件夹中的 ex10_TextEditor 文件复制到 Windows 系统下，并按照实验 1.1 中"将编译生成的文件复制到实验箱上并运行"的下载程序的方法下载到实验箱。

(10) 在超级终端中为 ex10_TextEditor 添加可执行权限，并运行它。

```
chmod +x ex10_TextEditor
./ex10_TextEditor
```

(11) 运行后在 LCD 屏幕观察现象，如图 2.18 所示。

【范例路径】

本书提供本实验的参考程序，可在清华大学出版社网站下载，路径如下：

物联网高级实践技术\CODE\第 2 章 ZigBee 无线传感网实验 \ex10_TextEditor 下的文件

实验 2.3　燃气数据显示实验

【实验目的】

了解 Qt 显示燃气传感器信息的原理。

【实验设备】

(1) 装有 Linux 系统或装有 Linux 虚拟机的计算机一台。

(2) 物联网多网技术综合教学开发设计平台一套。

(3) 串口线或 USB 线(A-B)一条。

【实验要求】

编写 Qt 程序,可以动态显示燃气传感器的节点信息。

【实验原理】

本实验箱针对 Qt 环境下,将服务程序的 API 做了一定的封装,并提供了非常方便使用的接口函数,可以让用户在 Qt 环境下弹出用于显示气体(瓦斯)传感器信息的窗口。这些函数都被封装在一个称做 Gas 的类中,它们的详细介绍如下:

函数原型:void Gas::showOut(const QString &ip, quint8 id=0xFF);

功能:显示指定序号的气体传感器的信息。

参数:

- ip:运行服务程序的网关(计算机)的 IP 地址。
- id:气体传感器序号,默认为 0xFF,表示任意序号的气体传感器。

返回值:无。

头文件:使用本函数需要包含 gas.h。

在实际应用中,用户可以在任何需要弹出气体传感器信息的时候调用 Gas::showOut() 函数。

【实验步骤】

(1) 在 Ubuntu 系统中双击桌面上的 Qt Creator 图标,如图 2.21 所示。

(2) 在打开的主界面中选择 File→New File or Project 命令,如图 2.22 所示。

图 2.21　Qt Creator 图标

图 2.22　Qt Creator 的新建工程

(3) 选择新建的文件类型,这里需要在左侧选择 Qt C++ Project,并在右侧选择 Qt Gui Application,如第 1 章的图 1.50 所示,并单击 Choose 按钮。

（4）输入工程名称 Gas，选择创建工程的路径，单击 Next 按钮，类似第 1 章的图 1.51 所示。

（5）选择编译的方式，选中 Qt 4.7.0 OpenSource 表示的是计算机的编译方式，选中 Qt for A8 表示的是嵌入式版本的编译方式，一般两项都选择，单击 Next 按钮继续，如第 1 章的图 1.52 所示。

（6）选择基类为 QWidget，其他可以默认，单击 Next 按钮继续，类似第 1 章的图 1.53 所示。

（7）看到当前新建工程的目录结构，单击 Finish 按钮后完成工程的新建。类似第 1 章的图 1.54 所示。

（8）完成工程的创建之后，需要将封装好的 Gas 的相关文件添加到工程中。首先将教材配套的范例代码中的"物联网高级实践技术\第 2 章 ZigBee 无线传感网实验\ex11_ZigBee_Gas\Gas"文件夹下的 include、lib、pic、gas.cpp、gas.h、gas.ui 和 Gas_Res.qrc 复制到 Ubuntu 系统中的工程目录内，如图 2.23 所示。

图 2.23　复制必要的文件

（9）进入 Qt 的窗体编辑界面，在控件区域中找到 Push Button 拖动到主窗体中，并双击修改按钮的文字为"显示"，如第 1 章的图 1.56 和图 1.57 所示。

（10）在 Qt Creater 的左侧单击 Edit，可以切换到工程文件管理界面，需要为主界面编写代码，如图 2.24 所示。

（11）首先将之前复制的 Gas 相关的文件添加到工程中，在工程目录结构的根部，即工程名 Gas 的位置右击，从弹出的快捷菜单中选择 Add Existing Files 命令，如图 2.25 所示。

图 2.24　切换到工程文件管理界面

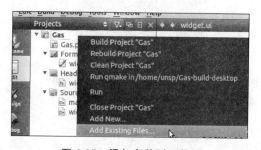

图 2.25　添加文件到工程 1

（12）在弹出的对话框中选择 gas. cpp、gas. h、gas. ui 以及 Gas_Res. qrc 4 个文件，并单击"打开"按钮，如图 2.26 所示。

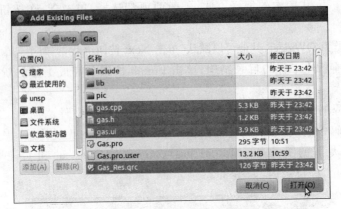

图 2.26　添加文件到工程 2

（13）在工程目录结构中找到 Gas. pro 文件，双击打开它，如图 2.27 所示。

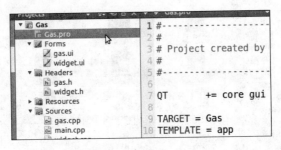

图 2.27　打开 Gas.pro

（14）在 Gas. pro 文件中添加下面两行代码，以便可以让 Qt 程序连接后台服务提供的接口程序，如图 2.28 所示。

```
LIBS +=-L../Gas/lib -lwsncomm
INCLUDEPATH +=../Gas/include
```

（15）按照同样的方法，在工程目录结构中找到 main. cpp 文件双击打开，并增加图 2.29 所示的两行代码。

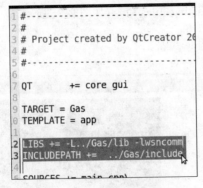

图 2.28　添加链接库信息

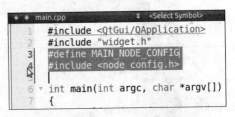

图 2.29　在 main.cpp 中添加代码

（16）在工程目录结构中的 Forms 文件夹中找到 widget. ui 文件,如图 2.30 所示,并双击打开它。

（17）右击主界面的"显示"按钮,从弹出的快捷菜单中选择 Go to slot 命令,如图 2.31 所示。

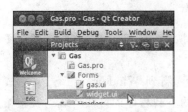

图 2.30　找到 widget.ui 并双击打开

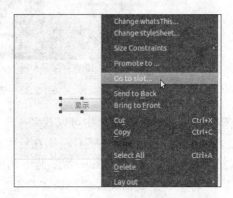

图 2.31　为"显示"按钮增加处理函数

（18）在弹出的对话框中选择 clicked(),为按钮的单击事件添加处理程序,如图 2.32 所示。

（19）此时会自动回到代码编辑状态,同时 Qt Creator 已经为我们添加了一个函数,如图 2.33 所示,该函数当按钮被单击时会被调用。

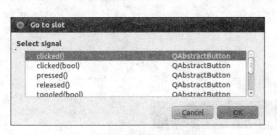

图 2.32　选择按钮的事件类型

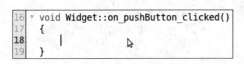

图 2.33　为按钮添加处理代码 3

图 2.34　为按钮添加处理代码 4

（20）在这个函数中添加图 2.34 所示的代码,并在该文件的最上方添加如下所示的代码,以便包含 Gas 头文件。

```
#include "gas.h"
```

（21）单击左下角的编译选择按钮,并在 Build 下拉列表中选择 Qt for A8 Release,以便编译实验箱可以运行可执行程序,如图 2.35 所示。

（22）单击图 2.14 中左下角的 Build All 按钮,即可开始编译实验箱运行的版本。

（23）当看到编译选择按钮上方的进度条变成绿色,即表示编译完成,如图 2.15 所示。

(1)单击编译选择按钮

(2)选择编译A8平台的可执行程序

图 2.35　选择编译类型

（24）在工程的保存目录中可以找到一个名为 Gas-build-desktop 的文件夹，类似图 2.16 所示。编译生成的可执行程序 Gas 即在此文件夹中。

（25）将 Gas-build-desktop 文件夹中的 Gas 文件复制到 Windows 系统下，并按照实验 1.1 中"将编译生成的文件复制到实验箱上并运行"的下载程序的方法下载到实验箱。

（26）按照同样的方法，将范例代码中 lib 文件夹下的 libwsncomm.so 文件也下载到实验箱，并与 Gas 文件放置在同一目录。

（27）在超级终端中为 Gas 添加可执行权限，并运行它。

```
chmod +x Gas
./Gas
```

创建气体传感器信息显示的 Qt 程序的过程与"实验 1.2 Qt 环境搭建实验"类似，不再做详细介绍。在实验指导书配套代码中提供了该程序的范例，可以按照本实验后面的范例路径找到它，这里只简单说一下如何使用范例代码。

（1）将 Gas 文件夹复制到 Ubuntu 系统中。

（2）在 Gas 文件夹中找到 Gas.pro 文件，如图 2.36 所示。

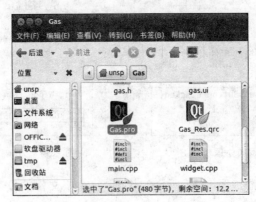

图 2.36　工程文件

（3）双击 Gas.pro，打开工程，在弹出的 Project setup 界面中确保 Qt for A8 已经被选中，如图 2.12 所示。

（4）在左下角的编译选择中选择 Qt for A8 Release，如图 2.13 所示。

（5）单击图 2.14 中左下角的 Build All 按钮，即可开始编译实验箱运行的版本。

（6）当看到编译选择按钮上方的进度条变成绿色，即表示编译完成，如图 2.15 所示。

（7）在工程的保存目录中可以找到一个名为 Gas-build-desktop 的文件夹，类似图 2.16 所示。编译生成的可执行程序 Gas 即在此文件夹中。

（8）将 Gas-build-desktop 文件夹中的 Gas 文件复制到 Windows 系统下，并按照实验 1.1 中下载程序的方法下载到实验箱。

（9）在超级终端中为 Gas 添加可执行权限，并运行它。

```
chmod+x Gas
./Gas
```

（10）在实验箱上使用触摸屏即可对应用程序进行操作，观察界面中显示的传感器节点信息，如图 2.37 所示。

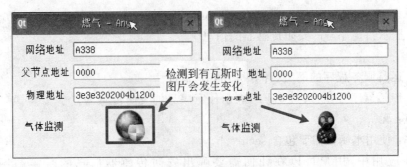

图 2.37　气体传感器节点信息显示界面

【范例路径】

本书提供本实验的参考程序，可在清华大学出版社网站下载，路径如下：

物联网高级实践技术\CODE\第 2 章 ZigBee 无线传感网实验 \ex11_ZigBee_Gas

实验 2.4　人体红外数据显示实验

【实验目的】

（1）了解 Qt 显示人体红外传感器信息的原理。

（2）熟悉 Qt 的使用方法。

【实验设备】

（1）装有 Linux 系统或装有 Linux 虚拟机的计算机一台。

（2）物联网多网技术综合教学开发设计平台一套。

（3）串口线或 USB 线（A-B）一条。

【实验要求】

编写 Qt 程序,实现动态显示人体红外传感器节点的信息。

【实验原理】

本实验箱针对 Qt 环境下,将服务程序的 API 做了一定的封装,并提供了非常方便使用的接口函数,可以让用户在 Qt 环境下弹出用于显示安防传感器信息的窗口。这些函数都被封装在一个称做 Secure 的类中,它们的详细介绍如下:

函数原型: void Secure::showOut(const QString &ip, quint8 id=0xFF);

功能:显示指定序号的安防传感器的信息。

参数:

- ip:运行服务程序的网关(计算机)的 IP 地址。
- id:传感器序号,默认为 0xFF,表示任意序号的安防传感器。

返回值:无。

头文件:使用本函数需要包含 secure.h。

在实际应用中,用户可以在任何需要弹出安防传感器信息的时候调用 Secure::showOut()函数。

【实验步骤】

(1) 创建人体红外传感器信息显示的 Qt 程序的过程与实验 2.3 类似,不再做详细介绍。在实验指导书配套代码中提供了该程序的范例,可以按照本实验后面的范例路径找到它。

(2) 将 Secure 文件夹复制到 Ubuntu 系统中。

(3) 在 Secure 文件夹中找到 Secure.pro 文件,如图 2.38 所示。

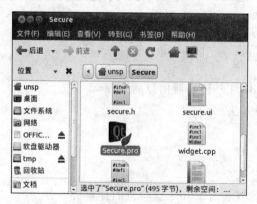

图 2.38　工程文件

(4) 双击 Secure.pro,打开工程,在弹出的 Project setup 界面中确保 Qt for A8 已经被选中,如图 2.12 所示。

（5）在左下角的编译选择中选择 Qt for A8 Release，如图 2.13 所示。

（6）单击图 2.14 中左下角的 Build All 按钮，即可开始编译实验箱运行的版本。

（7）当看到编译选择按钮上方的进度条变成绿色，即表示编译完成，如图 2.15 所示。

（8）在工程的保存目录中可以找到一个名为 Secure-build-desktop 的文件夹，类似图 2.16 所示。编译生成的可执行程序 Secure 即在此文件夹中。

（9）将 Secure-build-desktop 文件夹中的 Secure 文件复制到 Windows 系统下，并按照实验 1.1 中"将编译生成的文件复制到实验箱上并运行"的下载程序的方法下载到实验箱。

（10）在超级终端中为 Secure 添加可执行权限，并运行它。

```
chmod +x Secure
./Secure
```

（11）在实验箱上使用触摸屏即可对应用程序进行操作，观察界面中显示的传感器节点信息，如图 2.39 所示。

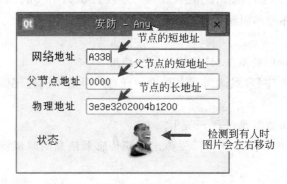

图 2.39　安防传感器节点信息显示界面

【范例路径】

本书提供本实验的参考程序，可在清华大学出版社网站下载，路径如下：

物联网高级实践技术\CODE\第 2 章 ZigBee 无线传感网实验\ex12_ZigBee_IRDA

实验 2.5　雨滴传感器数据显示实验

【实验目的】

（1）了解 Qt 显示雨滴传感器信息的原理。

（2）熟悉 Qt 编程方法。

【实验设备】

（1）装有 Linux 系统或装有 Linux 虚拟机的计算机一台。

（2）物联网多网技术综合教学开发设计平台一套。

（3）串口线或 USB 线（A-B）一条。

【实验要求】

编写 Qt 程序，可以动态地显示雨滴传感器的节点信息。

【实验原理】

本实验箱针对 Qt 环境，将服务程序的 API 做了一定的封装，并提供了非常方便使用的接口函数，可以让用户在 Qt 环境下弹出用于显示雨滴传感器信息的窗口。这些函数都被封装在一个称做 Rain 的类中，它们的详细介绍如下：

函数原型：void Rain::showOut(const QString &ip, quint8 id=0xFF);

功能：显示指定序号的雨滴传感器的信息。

参数：

• ip：运行服务程序的网关（计算机）的 IP 地址。

• id：雨滴传感器序号，默认为 0xFF，表示任意序号的雨滴传感器。

返回值：无。

头文件：使用本函数需要包含 rain.h。

在实际应用中，用户可以在任何需要弹出雨滴传感器信息的时候调用 Rain::showOut() 函数。

【实验步骤】

（1）创建雨滴传感器信息显示的 Qt 程序的过程与实验 2.3 类似，不再做详细介绍。在实验指导书配套代码中提供了该程序的范例，可以按照本实验后面的范例路径找到它。

（2）将 Rain 文件夹复制到 Ubuntu 系统中。

（3）在 Rain 文件夹中找到 Rain.pro 文件，如图 2.40 所示。

图 2.40　工程文件

（4）双击 Rain.pro，打开工程，在弹出的 Project setup 界面中确保 Qt for A8 已经被选中，如图 2.12 所示。

（5）在左下角的编译选择中选择 Qt for A8 Release，如图 2.13 所示。

（6）单击图 2.14 中左下角的 Build All 按钮，即可开始编译实验箱运行的版本。

（7）当看到编译选择按钮上方的进度条变成绿色，即表示编译完成，如图 2.15 所示。

（8）在工程的保存目录中可以找到一个名为 Rain-build-desktop 的文件夹，类似图 2.16 所示。编译生成的可执行程序 Rain 即在此文件夹中。

（9）将 Rain-build-desktop 文件夹中的 Rain 文件复制到 Windows 系统下，并按照实验 1.1 中"将编译生成的文件复制到实验箱上并运行"的下载程序的方法下载到实验箱。

（10）在超级终端中为 Rain 添加可执行权限，并运行它。

```
chmod +x Rain
./Rain
```

（11）在实验箱上使用触摸屏即可对应用程序进行操作，观察界面中显示的传感器节点信息，如图 2.41 所示。

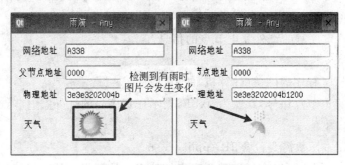

图 2.41　雨滴传感器节点信息显示界面

【范例路径】

本书提供本实验的参考程序，可在清华大学出版社网站下载，路径如下：

物联网高级实践技术\CODE\第 2 章 ZigBee 无线传感网实验 \ex13_ZigBee_Rain

实验 2.6　红外家电控制实验

【实验目的】

（1）了解 Qt 显示红外家电传感器信息的原理。

（2）熟悉 Qt 编程方法。

【实验设备】

（1）装有 Linux 系统或装有 Linux 虚拟机的计算机一台。

（2）物联网多网技术综合教学开发设计平台一套。

（3）串口线或 USB 线（A-B）一条。

【实验要求】

编写 Qt 程序，可以动态地显示红外家电传感器的节点信息。

【实验原理】

本实验箱针对 Qt 环境，将服务程序的 API 做了一定的封装，并提供了非常方便使用的接口函数，可以让用户在 Qt 环境下弹出用于显示红外家电节点信息的窗口，并可以利用该窗口提供的功能定制发送的红外编码值。这些函数都被封装在一个称做 IRAppliance 的类中，它们的详细介绍如下：

函数原型：void IRAppliance::showOut (const QString &ip, quint8 id = 0xFF);

功能：显示指定序号的红外家电节点的信息。

参数：

- ip：运行服务程序的网关（计算机）的 IP 地址。
- id：红外家电节点序号，默认为 0xFF，表示任意序号的红外家电节点。

返回值：无。

头文件：使用本函数需要包含 IRAppliance.h。

在实际应用中，用户可以在任何需要弹出红外家电控制窗口的时候调用 IRAppliance::showOut()。

【实验步骤】

（1）创建红外家电节点信息显示的 Qt 程序的过程与实验 2.3 类似，不再做详细介绍。在实验指导书配套代码中提供了该程序的范例，可以按照本实验后面的范例路径找到它。

（2）将 IRAppliance 文件夹复制到 Ubuntu 系统中。

（3）在 IRAppliance 文件夹中找到 IRAppliance.pro 文件，如图 2.42 所示。

（4）双击 IRAppliance.pro，打开工程，在弹出的 Project setup 界面中确保 Qt for A8 已经被选中，如图 2.12 所示。

（5）在左下角的编译选择中选择 Qt for A8 Release，如图 2.13 所示。

（6）单击图 2.14 中左下角的 Build All 按钮，即可开始编译实验箱运行的版本。

（7）当看到编译选择按钮上方的进度条变成绿色，即表示编译完成，如图 2.15 所示。

（8）在工程的保存目录中可以找到一个名为 IRAppliance-build-desktop 的文件夹，类似图 2.16 所示。编译生成的可执行程序 IRAppliance 即在此文件夹中。

（9）将 IRAppliance-build-desktop 文件夹中的 IRAppliance 文件复制到 Windows 系统下，并按照第 1 章实验 1.1 中下载程序的方法下载到实验箱。

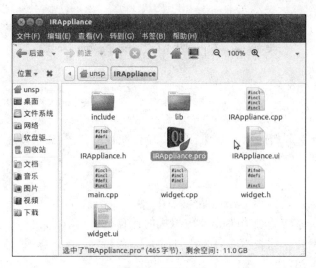

图 2.42　工程文件

（10）在超级终端中为 IRAppliance 添加可执行权限，并运行它。

```
chmod + x IRAppliance
./ IRAppliance
```

（11）在实验箱上使用触摸屏即可对应用程序进行操作，观察界面中显示的传感器节点信息，如图 2.43 所示。

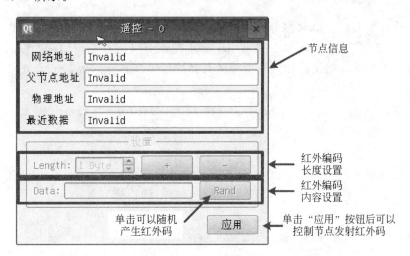

图 2.43　红外家电节点信息显示界面

【范例路径】

本书提供本实验的参考程序，可在清华大学出版社网站下载，路径如下：

物联网高级实践技术\CODE\第 2 章 ZigBee 无线传感网实验 \ex14_ZigBee_IRAPP

实验 2.7　执行节点控制实验

【实验目的】

了解 Qt 显示控制节点信息的原理,以及 Qt 界面控制传感器的原理。

【实验设备】

(1) 装有 Linux 系统或装有 Linux 虚拟机的计算机一台。

(2) 物联网多网技术综合教学开发设计平台一套。

(3) 串口线或 USB 线(A-B)一条。

【实验要求】

编写 Qt 程序,可以动态地显示控制节点信息,并实现 Qt 界面可以控制节点。

【实验原理】

本实验箱针对 Qt 环境,将服务程序的 API 做了一定的封装,并提供了非常方便使用的接口函数,可以让用户在 Qt 环境下弹出用于显示控制节点信息的窗口,并且在该窗口中可以对控制节点上的继电器进行控制。这些函数都被封装在一个称做 Excute 的类中,它们的详细介绍如下:

函数原型: void Excute::showOut(const QString &ip, quint8 id=0xFF);

功能:显示指定序号的控制节点的信息。

参数:

• ip:运行服务程序的网关(计算机)的 IP 地址。

• id:控制节点序号,默认为 0xFF,表示任意序号的控制节点。

返回值:无。

头文件:使用本函数需要包含 excute.h。

【实验步骤】

(1) 创建控制节点信息显示的 Qt 程序的过程与实验 2.3 类似,不再做详细介绍。在实验指导书配套代码中提供了该程序的范例,可以按照本实验后面的范例路径找到它。

(2) 将 Excute 文件夹复制到 Ubuntu 系统中。

(3) 在 Excute 文件夹中找到 Excute.pro 文件,如图 2.44 所示。

(4) 双击 Excute.pro,打开工程,在弹出的 Project setup 界面中确保 Qt for A8 已经被选中,如图 2.12 所示。

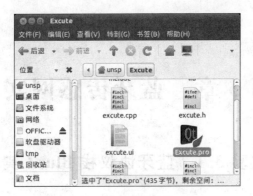

图 2.44　工程文件

（5）在左下角的编译选择中选择 Qt for A8 Release，如图 2.13 所示。

（6）单击图 2.14 中左下角的 Build All 按钮，即可开始编译实验箱运行的版本。

（7）当看到编译选择按钮上方的进度条变成绿色，即表示编译完成，如图 2.15 所示。

（8）在工程的保存目录中可以找到一个名为 Excute-build-desktop 的文件夹，类似图 2.16 所示。编译生成的可执行程序 Excute 即在此文件夹中。

（9）将 Excute-build-desktop 文件夹中的 Excute 文件复制到 Windows 系统下，并按照实验 1.1 中"将编译生成的文件复制到实验箱上并运行"的下载程序的方法下载到实验箱。

（10）在超级终端中为 Excute 添加可执行权限，并运行它。

```
chmod +x Excute
./Excute
```

（11）在实验箱上使用触摸屏即可对应用程序进行操作，观察界面中显示的控制节点信息，如图 2.45 所示。

图 2.45　控制节点信息显示界面

【范例路径】

本书提供本实验的参考程序，可在清华大学出版社网站下载，路径如下：

物联网高级实践技术\CODE\第 2 章 ZigBee 无线传感网实验 \ex15_ZigBee_Excute

第3章　蓝牙传感网实验

实验 3.1　蓝牙协议栈 BlueZ 实验

【实验目的】

(1) 了解蓝牙技术标准。

(2) 了解蓝牙协议栈 BlueZ 的功能和移植方式。

【实验设备】

(1) 装有 Linux 系统或装有 Linux 虚拟机的计算机一台。

(2) 物联网多网技术综合教学开发设计平台一套。

(3) 串口线或 USB 线(A-B)一条。

(4) USB 蓝牙模块。

【实验要求】

(1) 编程要求：移植蓝牙 BlueZ 到嵌入式 Linux 系统。

(2) 实现功能：蓝牙的配置命令可以使用。

(3) 实验现象：使用 Bluez 的命令可以查看蓝牙设备。

【实验原理】

1. 蓝牙技术简介

蓝牙(Bluetooth)技术是一种短距离无线通信技术,利用"蓝牙"技术能够有效地简化掌上电脑、笔记本电脑和移动电话手机等移动通信终端设备之间的通信,也能够成功地简化以上这些设备与 Internet 之间的通信,从而使这些现代通信设备与互联网之间的数据传输变得更加迅速高效,为无线通信拓宽道路。蓝牙采用分散式网络结构以及快跳频和短包技术,支持点对点及点对多点通信,工作在全球通用的 2.4GHz ISM(即工业、科学、医学)频段。其数据速率为 1Mbps。采用时分双工传输方案实现全双工传输。

蓝牙技术的特点包括：

(1) 采用跳频技术,数据包短,抗信号衰减能力强。

(2) 采用快速跳频和前向纠错方案以保证链路稳定,减少同频干扰和远距离传输时的随机噪声影响。

（3）使用 2.4GHz ISM 频段,无须申请许可证。

（4）可同时支持数据、音频、视频信号。

（5）采用 FM 调制方式,降低设备的复杂性。

2. 蓝牙协议栈 BlueZ 简介

蓝牙技术是一项低价格、低功耗的射频技术,它能使蓝牙设备实现近距离无线通信。由于蓝牙技术有广泛的应用前景,它已成为当前国内外科技界和产业界研究开发的热点技术。Linux 操作系统开放的蓝牙协议栈主要包括 IBM 公司的 BlueDrekar、Nokia 公司的 Affix、Axis 公司的 OpenBT 和官方协议栈 Bluez。BlueZ 是公布在 Internet 上的免费蓝牙协议栈,由于它结构简单,应用方便,具有灵活、高效和模块化的特点,且具有较强的兼容性,因此 BlueZ 已经成为 Linux 操作系统下官方的蓝牙协议栈。

3. BlueZ 的体系结构

使用不同蓝牙协议栈的设备在通信时会遇到互操作性的问题。开发者需要了解各种协议栈的体系结构并且考虑其差异。通过分析源码,找出图 3.1 所示 BlueZ 的体系结构。

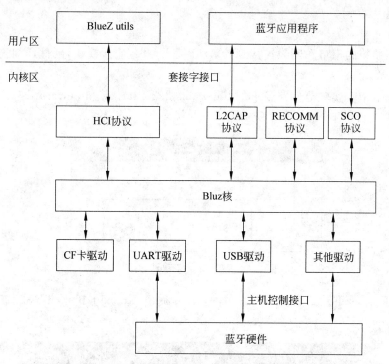

图 3.1　蓝牙 Bluez 体系结构图

蓝牙协议栈 BlueZ 分为两个部分：内核代码和用户态程序及工具集。其中内核代码由 BlueZ 核心协议和驱动程序等模块组成。用户态程序及工具集包括应用程序接口和 BlueZ 工具集。

在内核代码中,BlueZ 协议的 bluez-kernel 和 bluze-libs 软件包含了主机控制接口(HCI)和套接字接口的全部功能。内核源代码采用模块化设计,由设备驱动程序模块和蓝牙核心协议模块组成,分别位于 Linux 内核代码的 drivers 子目录和 net 子目录下。driver 子目录下的代码包括 Linux 内核对各种接口的蓝牙设备的驱动。net 子目录下代码包括蓝牙核心协议和一部分扩展协议的内核代码,如 L2CAP、RFCOMM、SCO、SDP 和 BNEP 等协议。

对于用户态程序,BlueZ 提供库函数及应用程序接口,便于程序员开发蓝牙应用程序。BlueZutils 是蓝牙设备配置和应用的主工具集,实现对蓝牙设备的初始化和控制。

4. 串口蓝牙模块简介

本实验箱配置的 USB 蓝牙模块具有成本低、体积小、功耗低、收发灵敏度高等优点,只需配备少许的外围元件就能实现其强大功能。该模块主要用于短距离的数据无线传输领域。可以方便地和计算机的蓝牙设备相连,也可以使两个模块之间的数据互通。避免烦琐的线缆连接,操作方便,功能强大,有如下功能:组建蓝牙个人局域网功能、蓝牙串行端口功能、蓝牙文件传输功能、信息交换功能、信息同步功能、网络接入功能、AV 耳机功能、图像传输功能、蓝牙拨号网络服务、蓝牙打印机服务、蓝牙人机输入设备、蓝牙传真服务、蓝牙耳机服务并支持多国语言。

【实验步骤】

(1) 将实验箱的串口和网线连接到计算机,插入 USB 蓝牙模块,硬件详细连接如第 1 章的图 1.19 所示。

(2) 将光盘中本实验范例路径下的 bluez-libs-2.25.tar.gz 和 bluez-utils-2.25.tar.gz 文件复制到虚拟机目录下,如图 3.2 所示。

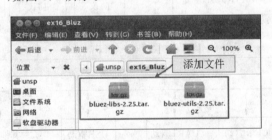

图 3.2　复制 Bluz 工程到虚拟机

(3) 解压 bluez-libs-2.25.tar.gz 文件,使用命令 tar zxvf bluez-libs-2.25.tar.gz,如图 3.3 所示。

图 3.3　解压 bluez-libs-2.25.tar.gz 工程文件

（4）进入到解压生成目录 cd bluez-libs-2.25，执行"CFLAGS＝'-DPATH_MAX＝256-DUSHRT_MAX＝65535-DUCHAR_MAX＝255'. /configure--prefix＝/usr/local/bluez-arm--target＝arm-linux--host＝arm-linux"命令，配置当前工程，如图 3.4 所示。

图 3.4　配置 bluez-libs-2.25 工程

（5）编译当前工程 make，如图 3.5 所示。

图 3.5　make 编译当前工程

（6）make install 将编译生成的文件复制到/usr/local/bluez-arm，如图 3.6 所示。

图 3.6　make install 安装生成文件

（7）同样解压 bluez-utils-2.25. tar. gz 文件，使用命令 tar zxvf blue-libs-225. tar. gz，配置工程"CFLAGS＝'-DPATH_MAX＝256-DUSHRT_MAX＝65535-DUCHAR_MAX＝255'. /configure--prefix＝/usr/local/bluez-arm--target＝arm-linux--host＝arm-linux--with-bluez＝/usr/local/bluez-arm/'"，编译工程 make，安装文件 make install。

（8）将安装生成文件/usr/local/bluez-arm 文件夹下的 bin/目录下的文件复制到实验箱的/usr/bin，lib/目录下的文件复制到实验箱的/usr/lib/目录下，/etc 目录下的文件夹 bluetooth 复制到实验箱的/etc，详细内容参考实验 1.1，如图 3.7 所示。

（9）在终端下输入命令 hciconfig 查看蓝牙设备，如图 3.8 所示。

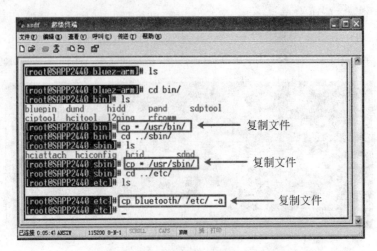

图 3.7　复制文件到实验箱的文件系统

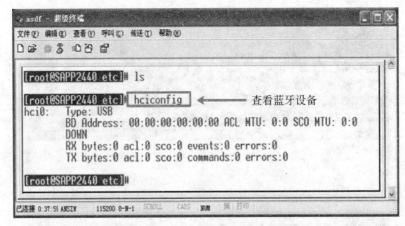

图 3.8　查看蓝牙设备

【范例路径】

本书提供本实验的参考程序,可在清华大学出版社网站下载,路径如下:

物联网高级实践技术\CODE\第 3 章 蓝牙传感网实验\ex16_Bluz

实验 3.2　蓝牙主机配置启动实验

【实验目的】

(1) 了解蓝牙技术标准。

(2) 熟悉 USB 蓝牙设备在 Linux 系统下的配置过程。

【实验设备】

（1）装有 Linux 系统或装有 Linux 虚拟机的计算机一台。
（2）物联网多网技术综合教学开发设计平台一套。
（3）串口线或 USB 线（A-B）一条。
（4）USB 蓝牙模块。

【实验要求】

（1）实现功能：配置 USB 蓝牙设备可以和实验箱的蓝牙模块通信。
（2）实验现象：可以看到蓝牙模块通信的数据。

【实验原理】

本实验箱配置的蓝牙模块支持 UART、USB、SPI、PCM 和 SPDIF 等接口，并支持 SPP 蓝牙串口协议，具有成本低、体积小、功耗低、收发灵敏度高等优点，只需配备少许的外围元件就能实现其强大功能。该模块主要用于短距离的数据无线传输领域。可以方便地和计算机的蓝牙设备相连，也可以使两个模块之间的数据互通。避免烦琐的线缆连接，能直接替代串口线。用户可以通过串口与该模块进行通信。串口波特率支持 1200bps、2400bps、4800bps、9600bps、14 400bps、19 200bps、38 400bps、57 600bps、115 200bps、230 400bps、460 800bps 和 921 600bps。串口默认波特率为 9600bps。

【实验步骤】

（1）将实验箱的串口和网线连接到计算机，插入 USB 蓝牙模块，硬件详细连接如图 1.19 所示。
（2）查看蓝牙设备 hciconfig，然后启动蓝牙设备 hciconfig hci0 up，如图 3.9 所示。

图 3.9　查看并启动蓝牙设备

（3）增加蓝牙的对外串口服务程序 sdptool add--channel＝1 SP,搜寻周围的蓝牙设备 hcitool scan,发现蓝牙设备 BOLUTECK 或 linvor,同时可以看到蓝牙设备的地址,并搜索此蓝牙设备是否有对外串口服务程序 sdptool search--bdaddr 00:06:69:00:01:67 SP(其中--baddr 后面是蓝牙设备的地址),如图 3.10 所示。

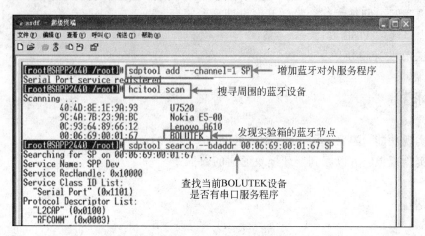

图 3.10　增加蓝牙服务并搜索蓝牙设备

（4）发现蓝牙设备的对外串口服务为通道 1,绑定串口服务 rfcomm bind 0 00:06:69:00:01:67 1,查看当前绑定的串口设备 rfcomm show,如图 3.11 所示。

图 3.11　绑定蓝牙设备并查看

（5）打开绑定的串口设备 microcom -s 115200 /dev/rfcomm0,并观察其返回数据,如图 3.12 所示。

图 3.12　打开串口设备并观察其数据

【范例路径】

在本书配套的资料中可以找到相关资料。

实验 3.3　蓝牙程序编写实验

【实验目的】

（1）了解蓝牙的通信原理。
（2）熟悉蓝牙设备在 Linux 系统下的编程通信方式。

【实验设备】

（1）装有 Linux 系统或装有 Linux 虚拟机的计算机一台。
（2）物联网多网技术综合教学开发设计平台一套。
（3）串口线或 USB 线（A-B）一条。
（4）USB 蓝牙模块。

【实验要求】

（1）实现功能：编写程序可以使 USB 蓝牙设备和实验箱的蓝牙模块通信。
（2）实验现象：可以看到蓝牙模块通信的数据。

【实验原理】

下面主要介绍蓝牙 Socket 常用 API 函数。

为了执行蓝牙网络 I/O，一个进程必须做的第一件事就是调用 socket()，指定期望的通信协议类型。socket() 的函数原型及功能描述如下：

函数原型：int socket(int family, int type, int protocol);

功能：创建一个套接口。

参数：

- family：指定期望使用的协议族，可选值如表 3.1 所示。
- type：指定套接口类型，可选值如表 3.2 所示。
- protocol：协议类型，可选值如表 3.3 所示，设置为 0 表示选择给定 family 和 type 组合的系统默认值，或者可以选择设置为表 3.4 所列出的值。

返回值：执行成功返回非负整数，它与文件描述字类似，称为套接口描述字。

头文件：使用本函数需要包含 <sys/socket.h>。

表 3.1　socket 函数的协议族（family）可选值

family	说　明
AF_INET	IPv4 协议
AF_INET6	IPv6 协议
AF_LOCAL	UNIX 域协议
AF_ROUTE	路由套接口
AF_KEY	密钥套接口
AF_BLUETOOTH	蓝牙套接口

表 3.2　socket 函数的套接口类型（type）可选值

type	说　明
SOCK_STREAM	字节流套接口
SOCK_DGRAM	数据报套接口
SOCK_SEQPACKET	有序分组套接口
SOCK_RAW	原始套接口

表 3.3　socket 函数 AF_INET 或 AF_INET6 的协议类型（protocol）可选值

protocol	说　明	protocol	说　明
IPPROTO_TCP	TCP 传输协议	IPPROTO_SCTP	SCTP 传输协议
IPPROTO_UDP	UDP 传输协议	BTPROTO_RFCOMM	蓝牙传输协议

socket 函数中 family 和 type 参数的组合情况如表 3.4 所示。

表 3.4　socket 函数中 family 和 type 参数的组合

type ＼ family	AF_INET	AF_INET6	AF_LOCAL	AF_ROUTE	AF_KEY
SOCK_STREAM	TCP|SCTP	TCP|SCTP	Yes		
SOCK_DGRAM	UDP	UDP	Yes		
SOCK_SEQPACKET	SCTP	SCTP	Yes		
SOCK_RAW	IPv4	IPv6		Yes	Yes

　　TCP 客户可以使用 connect() 建立与 TCP 服务器的连接。使用 connect() 建立 TCP 连接时，需要指定服务器的 IP 地址和端口号等信息，但是不必指定本地的 IP 地址或端口号，内核会确定本地 IP 地址，并选择一个临时端口作为源端口。connect() 的函数原型和功能描述如下：

　　函数原型：int connect(int sockfd, const struct sockaddr * servaddr, socklen_t addrlen);

　　功能：TCP 客户端向服务器发起连接。

　　参数：

- sockfd：套接口描述口，由 socket() 返回。
- servaddr：含有服务器 IP 地址和端口信息的地址结构指针。
- addrlen：地址结构长度。

　　返回值：执行成功返回 0，失败返回 −1。

　　头文件：使用本函数需要包含 ＜sys/socket.h＞。

【程序流程图】

　　蓝牙模块通信过程流程图如图 3.13 所示。

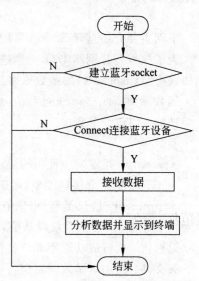

图 3.13　蓝牙模块通信过程流程图

【实验步骤】

(1) 将实验箱的串口和网线连接到计算机,插入 USB 蓝牙模块,硬件详细连接如图 1.19 所示。

(2) 按照流程图编写程序(可参考"物联网高级实践技术\CODE\第 3 章 蓝牙传感网实验\ex18_Blue_Program")。

(3) 编译程序"arm-linux-gcc -g ex18_Blue_Program.c -o ex18_Blue_Program-I /usr/local/bluez-arm/include-L /usr/local/bluez-arm/lib/-lbluetooth",如图 3.14 所示。

图 3.14 编译蓝牙程序

(4) 查看本地蓝牙设备 hciconfig,并启动蓝牙设备 hciconfig hci0 up,如图 3.15 所示。

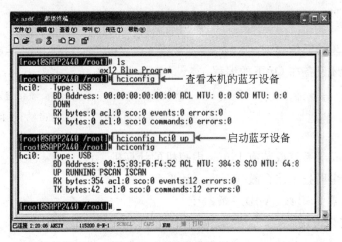

图 3.15 启动蓝牙设备

(5) 将文件复制到实验箱,详细过程参考实验 1.1,加可执行权限 chmod ＋x ex18_Blue_Program,查看周围的蓝牙设备 hcitool scan,找到连接设备 BOLUTEK 或 linvor 的地址为 00:06:69:00:01:6A,并运行"./ex18_Blue_Program 00:06:69:00:01:6A",查看运行结果,如图 3.16 所示。

【范例路径】

本书提供本实验的参考程序,可在清华大学出版社网站下载,路径如下:

物联网高级实践技术\CODE\第 3 章 蓝牙传感网实验\ex18_Blue_Program

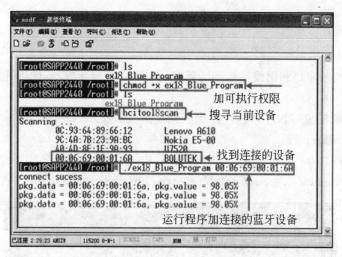

图 3.16　查找蓝牙设备并连接

实验 3.4　蓝牙节点数据实时采集实验

【实验目的】

（1）了解蓝牙的通信原理。

（2）熟悉蓝牙设备在 Qt 下的编程。

【实验设备】

（1）装有 Linux 系统或装有 Linux 虚拟机的计算机一台。

（2）物联网多网技术综合教学开发设计平台一套。

（3）串口线或 USB 线（A-B）一条。

（4）USB 蓝牙模块。

【实验要求】

（1）实现功能：编写 Qt 程序实时显示蓝牙模块收到的实时数据。

（2）实验现象：可以看到蓝牙模块通信的数据。

【实验原理】

有关本实验原理的介绍前面已经给出，这里不再赘述。

【API 详解】

API 格式：`void Bluetooth::showOut(void)`
功能说明：弹出窗体显示，显示蓝牙操作界面。
参数：为空。
返回值：返回值为空。

【实验步骤】

(1) 新建 Qt 的工程，按照实验 1.2 提到的方式完成新建。将"物联网高级实践技术\CODE\第 3 章 蓝牙传感网实验\ex19_Blue_Data"的文件夹 include、lib 和 blueWidget 复制到新建工程的目录下，如图 3.17 所示。

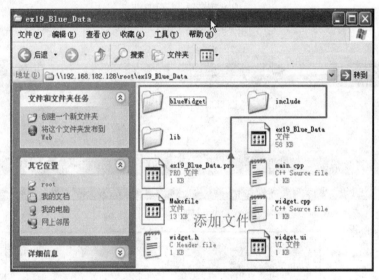

图 3.17　复制添加的文件

(2) 单击工程编辑，在 Qt 工程目录中右击 ex19_Blue_Data，在弹出的快捷菜单中选择 Add Existing Files 命令，如图 3.18 所示。

(3) 在弹出的对话框中选择添加 blueWidget 文件夹下的 bluetooth.cpp、bluetooth.h、bluetooth.ui、bluetoothreadthread.h、bluetoothreadthread.cpp、BluetoothScanThread.h 和 BluetoothScanThread.cpp 文件，单击"打开"按钮，如图 3.19 所示。

(4) 双击工程文件 ex19_Blue_Data.pro，在其中添加：

```
INCLUDEPATH += \
/usr/local/bluez-arm/include \
./include
LIBS += -L /usr/local/bluez-arm/lib - lbluetooth
```

如图 3.20 所示，表示要连接数据库的动态库，且包含其对应头文件。

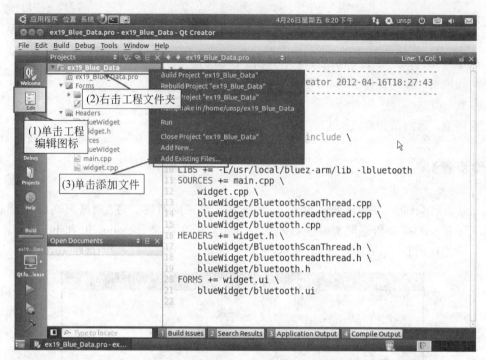

图 3.18　添加文件

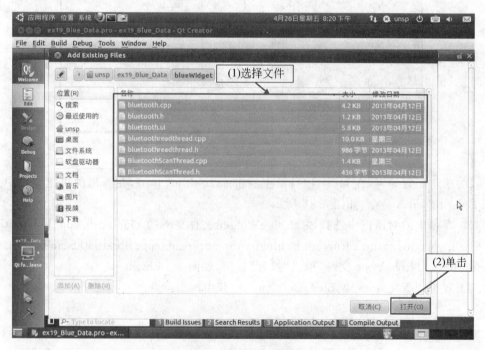

图 3.19　选择添加文件

图 3.20　增加编译连接代码

（5）单击工程编辑图标，进入工程编辑后双击 widget. ui 的文件，如图 3.21 所示。

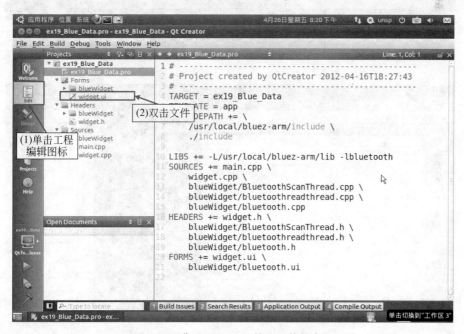

图 3.21　进入 widget.ui 的图形编辑窗口

（6）选中 pushButton 拖动到编辑窗口，双击改名为"显示"，如图 3.22 所示。

（7）右击显示按钮，在弹出的快捷菜单中选择 Go to slot 命令，如图 3.23 所示。

（8）在弹出的对话框中单击 clicked()，然后单击 OK 按钮，如图 3.24 所示。

（9）在出现的 widget. cpp 文件的对应的行添加代码，如图 3.25 所示。

（10）单击编译选择图标，在弹出的对话框中单击编译选择，在弹出的下拉菜单中选择 Qt for A8 Release，如图 3.26 所示。

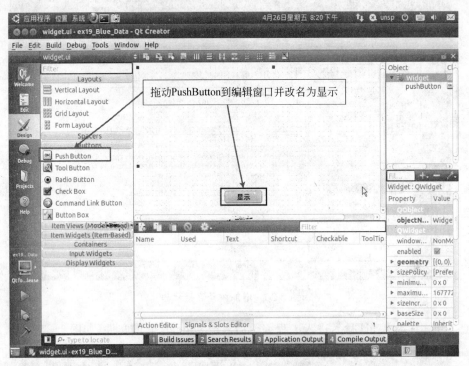

图 3.22　拖动 PushButton 到编辑窗口

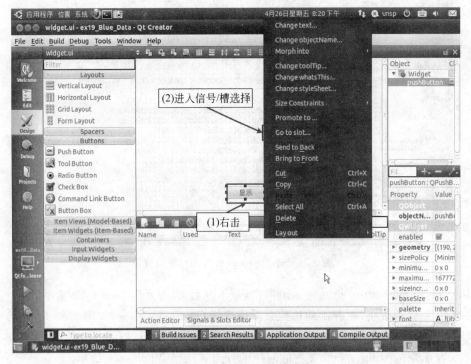

图 3.23　PushButton 的槽连接

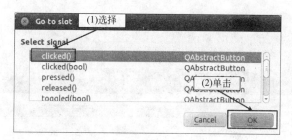

图 3.24　选择连接的信号

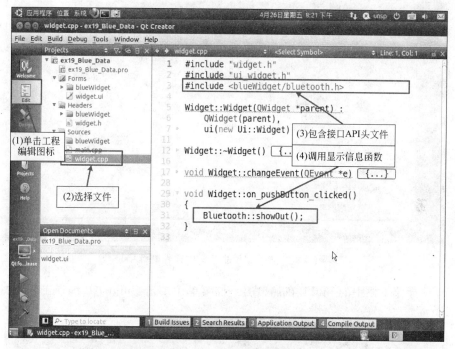

图 3.25　调用接口函数

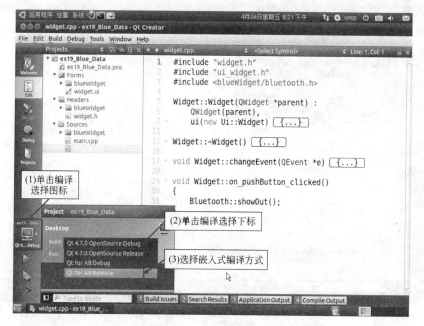

图 3.26　选择编译方式

（11）单击 Project 选项，在 General 选项框中取消对 Shadow build 复选框的勾选，如图 3.27 所示。

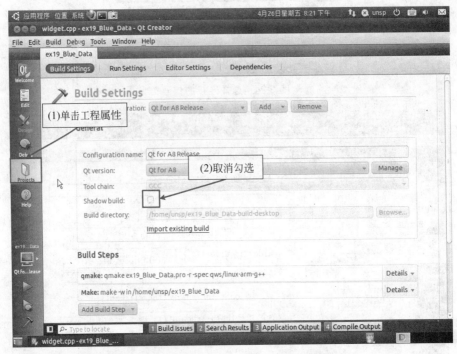

图 3.27　去掉编译生成暂时文件的选项

（12）选择菜单栏中的 Build，在弹出的下拉菜单中单击 Build All 编译工程，如图 3.28 所示。

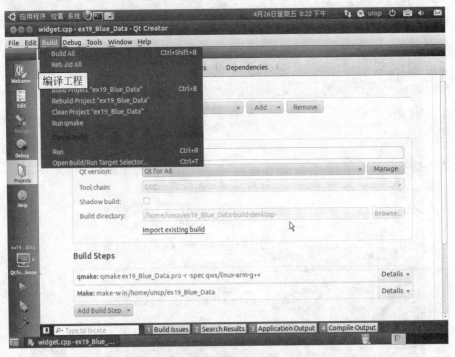

图 3.28　编译工程

(13) 将实验箱的串口和网线连接到计算机,插入 USB 蓝牙模块,硬件详细连接如第 1 章的图 1.19 所示。

(14) 查看当前系统是否有进程占用端口号 ps|grep CenterControl,使用 kill 1437 命令结束占用系统资源的进程,如图 3.29 所示。

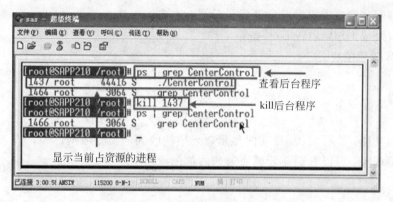

图 3.29 查看系统进程并清除

(15) 将编译好的 ex19_Blue_Data 程序复制到开发板上,具体过程参考实验 1.1,运行观察现象,如图 3.30 所示。

(16) 单击"显示"按钮,显示当前人体红外传感器的信息,如图 3.31 所示。

图 3.30 Qt 的显示主界面

图 3.31 蓝牙操作界面

【范例路径】

本书提供本实验的参考程序,可在清华大学出版社网站下载,路径如下:

物联网高级实践技术\CODE\第 3 章 蓝牙传感网实验\ex19_Blue_Data

实验 3.5 蓝牙光照度传感器数据曲线显示实验

【实验目的】

(1) 了解蓝牙的通信原理。

(2) 了解蓝牙的光照度数据 Qt 曲线显示方式。

【实验设备】

(1) 装有 Linux 系统或装有 Linux 虚拟机的计算机一台。

(2) 物联网多网技术综合教学开发设计平台一套。

(3) 串口线或 USB 线(A-B)一条。

(4) USB 蓝牙模块。

【实验要求】

(1) 实现功能：编写 Qt 程序实时显示蓝牙模块收到的实时数据。

(2) 实验现象：可以看到蓝牙模块通信的数据。

【实验原理】

实验原理见实验 3.1。

【API 详解】

API 格式：void Bluetooth::showOut(void)

功能说明：弹出窗体显示，显示蓝牙操作界面。

参数：为空。

返回值：返回值为空。

【实验步骤】

(1) 新建 Qt 的工程，按照实验 1.2 提到的方式完成新建。将"物联网高级实践技术\CODE\第 3 章 蓝牙传感网实验\ex20_Blue_Graph"的文件夹 include、lib 和 blueWidget 复制到新建工程的目录下，类似图 3.17 所示。

(2) 单击工程编辑，在 Qt 工程目录中右击 ex20_Blue_Graph，在弹出的快捷菜单中选择 Add Existing Files 命令，类似图 3.18 所示。

(3) 在弹出的对话框中选择添加 blueWidget 文件夹下的 bluetooth.cpp、bluetooth.h、bluetooth.ui、bluetoothreadthread.h、bluetoothreadthread.cpp、BluetoothScanThread.h、BluetoothScanThread.cpp、datagridlabel.h 和 datagridlabel.cpp 文件，单击"打开"按钮，类似图 3.19 所示。

(4) 双击工程文件 ex20_Blue_Graph.pro，在其中添加：

```
INCLUDEPATH +=\
/usr/local/bluez-arm/include\
./include
LIBS +=-L /usr/local/bluez-arm/lib - lbluetooth
```

如图 3.32 所示，表示要连接数据库的动态库，且包含其对应头文件。

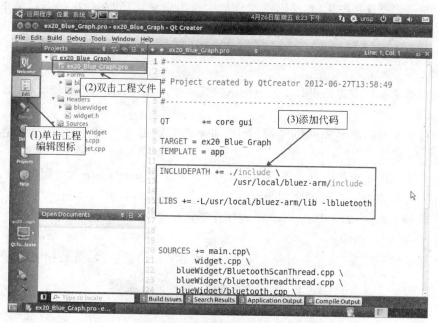

图 3.32 增加编译连接代码

（5）单击工程编辑图标，进入工程编辑后双击 widget.ui 文件，如图 3.21 所示。

（6）选中 pushButton 拖动到编辑窗口，双击改名为"显示"，如图 3.22 所示。

（7）右键单击"显示"，在弹出的快捷菜单中选择 Go to slot 选项，如图 3.23 所示。

（8）在弹出的对话框中单击 clicked()，然后单击 OK 按钮，如图 3.24 所示。

（9）在出现的 widget.cpp 的文件的对应的行添加代码，如图 3.33 所示。

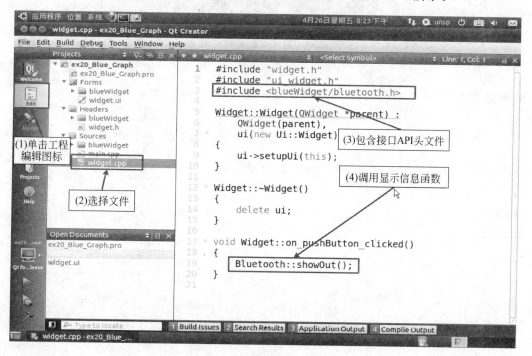

图 3.33 调用接口函数

（10）单击编译选择图标，在弹出的对话框中单击编译选择，在弹出的下拉菜单中选择 QtforA8 Release，如图 3.26 所示。

（11）单击 Project 选项，在 General 选项框中取消对 Shadow build 复选框的勾选，如图 3.27 所示。

（12）选择菜单栏中的 Build，在弹出的下拉菜单中单击 Build All 编译工程，如图 3.28 所示。

（13）将实验箱的串口和网线连接到计算机，插入 USB 蓝牙模块，硬件详细连接如第 1 章的图 1.19 所示。

（14）查看当前系统是否有进程占用端口号 ps|grep CenterControl，使用 kill 1437 命令结束占用系统资源的进程，如图 3.29 所示。

（15）将编译好的 ex20_Blue_Graph 程序复制到开发板上，详细步骤参考实验 1.1，运行观察现象，如图 3.30 所示。

（16）单击"显示"按钮，显示当前人体红外传感器获取的信息，如图 3.34 所示。

图 3.34　蓝牙曲线显示界面

【范例路径】

本书提供本实验的参考程序，可在清华大学出版社网站下载，路径如下：

物联网高级实践技术\CODE\第 3 章 蓝牙传感网实验\ex20_Blue_Graph

第 4 章　WiFi 传感网实验

实验 4.1　WiFi 软 AP 实验

【实验目的】

(1) 了解 WiFi 的通信原理。

(2) 了解 WiFi 软 AP 的驱动编译。

【实验设备】

(1) 装有 Linux 系统或装有 Linux 虚拟机的计算机一台。

(2) 物联网多网技术综合教学开发设计平台一套。

(3) 串口线或 USB 线(A-B)一条。

(4) USB 接口 WiFi 模块。

【实验要求】

(1) 实现功能：编译 WiFi 的 AP 驱动，并插入 Linux 系统，实现 WiFi 节点的连接。

(2) 实验现象：检查 WiFi 网络是否连接成功。

【实验原理】

1. WiFi 技术简介

WiFi(Wireless Fidelity)是由一个名为"无线以太网相容联盟"(Wireless Ethernet Compatibility Alliance，WECA)的组织所发布的业界术语,中文译为"无线相容认证"。它是一种短程无线传输技术,能够在近百米范围内支持 Internet 接入的无线电信号。随着技术的发展,以及 IEEE 802.11a 及 IEEE 802.11g 等标准的出现,现在 IEEE 802.11 这个标准已被统称作 WiFi。从应用层面来说,要使用 WiFi,用户首先要有 WiFi 兼容的用户端装置。

WiFi 是一种帮助用户访问电子邮件、Web 和流式媒体的互联网技术。它为用户提供了无线的宽带互联网访问。同时,它也是在家里、办公室或在旅途中上网的快速、便捷的途径。能够访问 WiFi 网络的地方被称为热点。WiFi 或 802.11G 在 2.4GHz 频段工作,所支持的速度最高达 54Mbps(802.11N 工作在 2.4GHz 或者 5.0GHz,最高速度为 600Mbps)。另外还有两种 802.11 空间的协议,包括 802.11a 和 802.11b。它们也是公开使用的,但

802.11G/N 最为常用。蓝牙+WiFi 无线设备 WiFi 热点是通过在 Internet 连接上安装访问点来创建的。这个访问点将无线信号通过短程进行传输,一般覆盖 90 米左右。当一台支持 WiFi 的设备(例如 Pocket PC)遇到一个热点时,这个设备可以用无线方式连接到那个网络。大部分热点都位于供大众访问的地方,例如机场、咖啡店、旅馆、书店以及校园等。许多家庭和办公室也拥有 WiFi 网络。虽然有些热点是免费的,但是大部分稳定的公共 WiFi 网络是由私人 Internet 服务提供商(ISP)提供的,因此会在用户连接到 Internet 时收取一定费用。

802.11b 有时也被错误地标为 WiFi,实际上 WiFi 是无线局域网联盟(WLANA)的一个商标,该商标仅保障使用该商标的商品互相之间可以合作,与标准本身实际上没有关系。但是后来人们逐渐习惯用 WiFi 来称呼 802.11b 协议。它的最大优点就是传输速度较高,可以达到 11Mbps,另外它的有效距离也很长,同时也与已有的各种 802.11 DSSS 设备兼容。笔记本电脑技术——迅驰技术就是基于该标准的。

IEEE([美国]电子和电气工程师协会)802.11b 无线网络规范是 IEEE 802.11 网络规范的扩展,最高带宽为 11Mbps,在信号较弱或有干扰的情况下,带宽可调整为 5.5Mbps、2Mbps 和 1Mbps,带宽的自动调整有效地保障了网络的稳定性和可靠性。其主要特性为速度快,可靠性高,在开放性区域通信距离可达 305m,在封闭性区域通信距离为 76～122m,方便与现有的有线以太网络支持 Wi-Fi 的笔记本整合,组网的成本更低。

Wi-Fi(WirelessFidelity,无线相容性认证)的正式名称是 IEEE 802.11b,与蓝牙一样,同属于在办公室和家庭中使用的短距离无线技术。虽然在数据安全性方面,该技术比蓝牙技术要差一些,但是在电波的覆盖范围方面则要略胜一筹。WiFi 的覆盖范围则可达 90m,办公室自不用说,就是在小一点的整栋大楼中也可使用串口蓝牙模块。

2. USB 接口 WiFi 模块简介

本实验箱配置的 USB 接口 WiFi 模块,无线最高传输速率为 150Mbps,支持 PBC 及 PIN 两种方式的 WPS 加密,使用户无须再记录烦琐的密码。支持 Soft AP 功能,支持 PSP、WII、NDS、连接 Internet 和 Xlink Kai,符合 IEEE 802.11b、IEEE 802.11g、IEEE 802.11n (Draft 2.0)标准。提供 A 型 USB 接口,即插即用,方便快捷。提供两种工作模式:集中控制式(Infrastructure)和对等式(Ad-Hoc)。支持 64/128 位 WEP 数据加密。支持 WPA/WPA-PSK、WPA2/WPA2-PSK 安全机制。提供简便的配置、监控程序。支持无线漫游(Roaming)技术,保证高效的无线连接。支持 Windows 98/ME/2000/XP/Vista 操作系统。传输距离:室内最远 120m,室外最远 360m(环境因素对距离有影响)。支持我国自主网络通信安全标准 WAPI。

【实验步骤】

(1) 将实验箱的串口和网线连接到计算机,并插入 USB 接口的 WiFi 模块,硬件详细连接如第 1 章的图 1.19 所示。

(2) 复制"物联网高级实践技术\src\"目录下的 src-kernel-2.6.32-smdkv210-r106.tar.bz2 内核源文件到虚拟机的 Linux 系统,详细参考步骤实验实验 1.1,并使用命令 tar xf src-kernel-2.6.32-smdkv210-r106.tar.gz 解压,如图 4.1 所示。

(3) 使用 cd 命令进入到解压之后的文件夹中,然后执行命令 make sapp_linux_

defconfig,使用默认设置来配置内核,如图 4.2 所示。

图 4.1　复制 Linux 内核源码

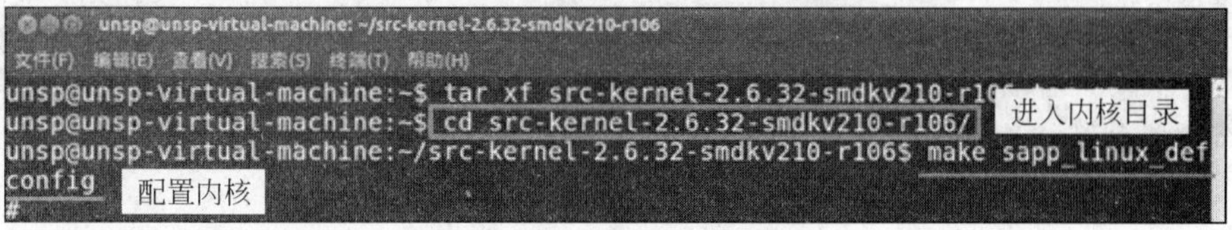

图 4.2　配置并编译 Linux 内核

（4）执行 make 命令,编译内核,该过程时间较长,请耐心等待。

（5）复制"物联网高级实践技术\CODE\第 4 章 WIFI 传感网实验\ex21_WiFi_Ap"目录下的 RT3070_SoftAP. tar. bz2 到虚拟机中,并放在与内核源码的压缩包同一级目录下,详细步骤参考实验 1.1,并用命令 tar xf RT3070_SoftAP. tar. bz2 解压驱动文件,如图 4.3 所示。

图 4.3　复制 WiFi 的驱动

（6）执行命令 cd RT3070_SoftAP 进入到解压后文件目录下,执行命令 gedit Makefile,使用编辑器打开 Makefile 文件,修改内核路径,如图 4.4 所示。

图 4.4　修改 Makefile 中的 Linux 内核路径

（7）修改完毕后保存 Makefile 文件,并关闭编辑器,回到终端执行 make 命令,编译驱动程序,如图 4.5 所示。

（8）将当前目录 install 文件夹下的 rt3070ap. ko、rtnet3070. ko 和 rtutil3070ap. ko 复制到实验箱中,详细步骤参考实验 1.1。

（9）如果实验箱没有加载过驱动,则在实验箱的终端中依次执行 insmod rtutil3070ap. ko、insmod rt3070ap. ko 和 insmod rtnet3070. ko 命令,即可将驱动程序安装到系统内,如图 4.6 所示。需要注意的是,实验箱在出厂时自带的演示程序已经为系统安装了这三个驱动,所以当执行 insmod 命令时如果看到文件已经存在的提示属于正常现象。

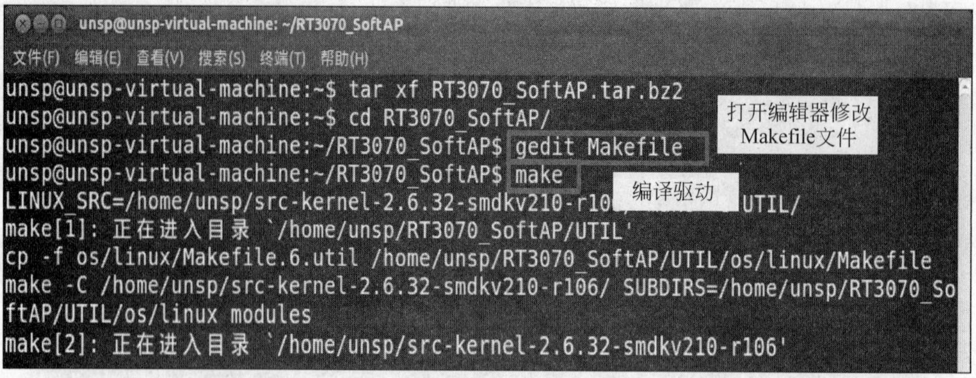

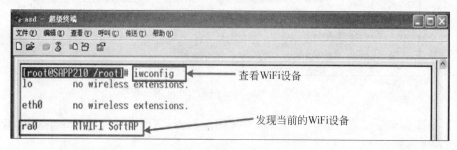

图 4.5　编译 WiFi 驱动程序

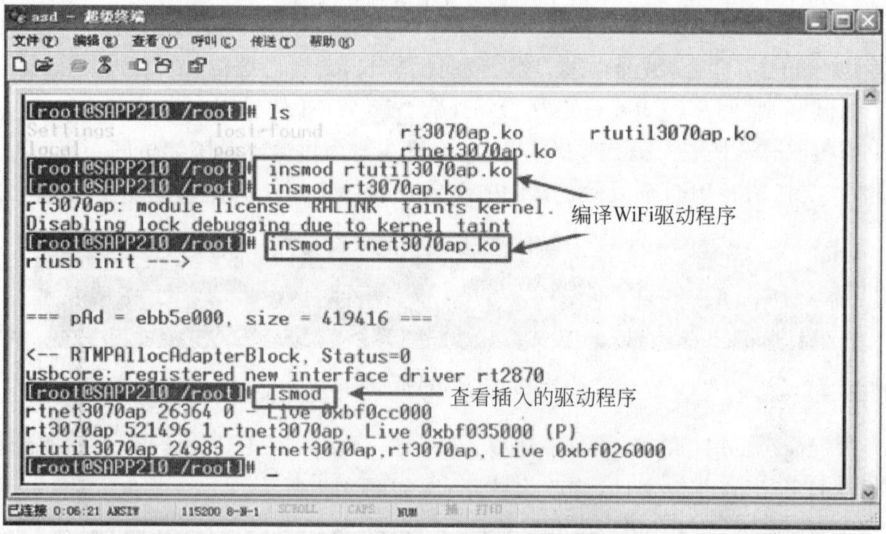

图 4.6　插入驱动程序

（10）使用 iwconfig 命令可以查看当前的 WiFi 设备，如图 4.7 所示。

图 4.7　查看 WiFi 设备

（11）使用 vi /etc/Wireless/RT2870AP/RT2870AP.dat 命令打开无线网卡的配置文件，并将光标移动到 SSID＝sunplus_001 这一行，如图 4.8 所示。

（12）将光标移动到 001 中的任意一个字符，按下 r 键，然后再输入一个数字键，即可修改光标处的数字。在实验过程中，应当保证每一个实验箱修改为不一样的数字。

（13）利用 r 键修改字符，每次只能修改一个。修改完毕后可以将光标移动到其他位置，

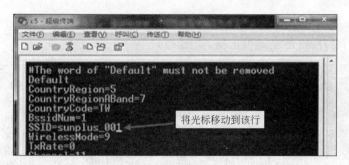

图 4.8　打开配置文件

再次按下 r 键,即可再次修改。

　　(14) 修改完毕后,按下:键,然后按下 x 键,然后按 Enter 键,即可保存修改并关闭文件,如图 4.9 所示。

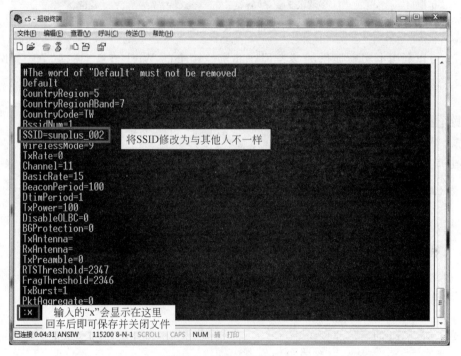

图 4.9　保存修改并退出

　　(15) 执行命令 ifconfig ra0 up,将无线网卡启用,并执行命令 ifconfig ra0 192.168.1.1 为其配置 IP 地址(IP 地址请根据实验环境的具体情况确定),如图 4.10 所示。

图 4.10　启用无线网卡并配置网络地址

(16) 执行命令 iwconfig,可以确认无线网卡的 ESSID 是否正确,执行命令 ifconfig ra0 可以确认无线网卡的网络地址是否正确,如图 4.11 所示。

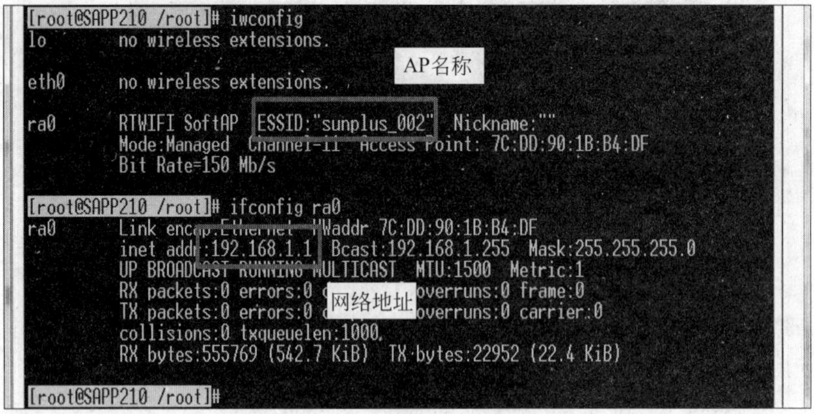

图 4.11　确认配置信息是否正确

(17) 可以利用本实验提供的参考程序和实验箱上的 WiFi 节点来测试 AP 工作是否正常。

【范例路径】

本书提供本实验的参考程序,可在清华大学出版社网站下载,路径如下:

物联网高级实践技术\CODE\第 4 章 WIFI 传感网实验\ex21_Wifi_Ap

实验 4.2　TCP 服务器建立实验

【实验目的】

(1) 了解 WiFi 的通信原理。

(2) 熟悉 Linux 系统的网络编程。

【实验设备】

(1) 装有 Linux 系统或装有 Linux 虚拟机的计算机一台。

(2) 物联网多网技术综合教学开发设计平台一套。

(3) 串口线或 USB 线(A-B)一条。

(4) USB 接口 WiFi 模块。

【实验要求】

(1) 实现功能:建立 TCP 服务器,接收 WiFi 节点发送嵌入式网关的数据。

（2）实验现象：接收到 WiFi 节点发送的数据，并打印到终端显示。

【实验原理】

1. TCP/IP 协议

TCP/IP 协议（Transmission Control Protocol/Internet Protocol，传输控制/网际协议），又称网络通信协议，是 Internet 的基础。

TCP/IP 是用于计算机通信的一组协议，通常称为 TCP/IP 协议族。它是 20 世纪 70 年代中期美国国防部为其 ARPANET（广域网）开发的网络体系结构和协议标准，以它为基础组建的 Internet 是目前国际上规模最大的计算机网络，正因为 Internet 的广泛使用，使得 TCP/IP 成了事实上的标准。

TCP/IP 是网络中使用的基本的通信协议。虽然从名字上看 TCP/IP 包括两个协议：传输控制协议和网际协议，但 TCP/IP 实际上是一组协议，它包括 TCP、IP、UDP、ICMP、RIP、Telnet、FTP、SMTP、ARP 和 TFTP 等许多协议，这些协议一起称为 TCP/IP 协议。

TCP/IP 由 4 个层次组成：数据链路层、网络层、传输层、应用层，其分层模型及协议如表 4.1 所示。

表 4.1　TCP/IP 分层模型

层　　　　次	包 含 协 议
数据链路层（DataLink）	Ethernet、X. 25、SLIP、PPP
网络层（Network）	IP（ARP、RARP、ICMP）
传输层（Transport）	TCP、UDP
应用层（Application）	HTTP、Telnet、FTP、SMTP、SNMP

1）数据链路层

数据链路层是 TCP/IP 网络体系的最低层，负责通过网络发送 IP 数据报，或者从网络上接收物理帧，抽出 IP 数据报，交给 IP 层。

2）网络层

网络层负责相邻计算机之间的通信。其功能包括三个方面：

（1）处理来自传输层的分组发送请求，收到请求后将分组装入 IP 数据报，填充报头，选择去往信宿机的路径，然后将数据报发往适当的网络接口。

（2）处理输入 IP 数据报：首先检查其合法性，然后进行寻径——假如该数据报已到达信宿机，则去掉报头，将剩下部分交给适当的传输协议。假如该数据报尚未到达信宿，则转发该数据报。

（3）处理路径、流控、拥塞等问题。

3）传输层

传输层提供应用程序间的通信。其功能包括：

（1）格式化信息流。

（2）提供可靠传输。为实现后者，传输层协议规定接收端必须发回确认，并且假如分组丢失，必须重新发送。

4）应用层

应用层向用户提供一组常用的应用程序，如电子邮件、文件传输访问、远程登录等。远程登录使用 Telnet 协议提供在网络其他主机上注册的接口。Telnet 会话提供了基于字符的虚拟终端。文件传输访问（FTP）使用 FTP 协议来提供网络内机器间的文件复制功能。

TCP（Transmission Control Protocol）协议是 TCP/IP 协议栈中的传输层协议，它通过序列确认以及包重发机制提供可靠的数据流发送和到应用程序的虚拟连接服务。与 IP 协议相结合，TCP 组成了 Internet 协议的核心。

由于大多数网络应用程序都在同一台机器上运行，计算机上必须能够确保目的网络终端上的软件程序能从源地址机器处获得数据包，以及源计算机能收到正确的回复。这是通过使用 TCP 的"端口号"完成的。网络 IP 地址和端口号结合成为唯一的标识，称为"套接口"或"端点"。TCP 在端点间建立连接或虚拟电路进行可靠通信。

TCP 服务提供了数据流传输、可靠性、有效流控制、全双工操作和多路复用等技术。TCP 通过面向连接的、端到端的可靠数据报发送来保证可靠性。TCP 在字节上加上一个递进的确认序列号来告诉接收者发送者期望收到的下一个字节。如果在规定时间内没有收到关于这个包的确认响应，TCP 将重新发送此包。TCP 的可靠机制允许设备处理丢失、延时、重复及读错的包。超时机制允许设备监测丢失包并请求重发。同时，TCP 提供了有效流控制。当向发送者返回确认响应时，接收 TCP 进程就会说明它能接收并保证缓存不会发生溢出的最高序列号。

2. Linux 下的 Socket 编程

Socket 是 TCP/IP 协议传输层所提供的接口（称为套接口），供用户编程访问网络资源，它是使用标准 UNIX 文件描述符和其他程序通信的方式。Linux 的套接口通信模式与日常生活中的电话通信非常类似，套接口代表通信线路中的端点，端点之间通过通信网络来相互联系。Socket 接口被广泛应用并成为事实上的工业标准。它是通过标准的 UNIX 文件描述符和其他程序通信的一个方法。按其应用，套接口主要分为流式套接口（Stream Socket）和数据报套接口（Datagram Socket）。流式套接口采用 TCP 协议通信，而数据报套接口采用 UDP 协议通信。

1）Socket 套接口地址

大多数的套接口函数都需要一个指向套接口地址结构的指针作为参数。每个协议族都定义它自己的套接口地址结构，这些结构的名字均以 sockaddr_ 开头，并以对应每个协议族的唯一后缀结束。通常情况下，IPv4 协议族的套接口地址使用的最多，它也被称为"网际套接口地址结构"，它以 sockaddr_in 命名，定义在头文件＜netinet/in.h＞中。sockaddr_in 结构体的定义如下：

```
struct in_addr {
    in_addr_t s_addr;              //32 位的 IPv4 地址，以网络字节序存储
};
struct sockaddr_in {
    uint8_t sin_len;               //结构体长度(16)
    sa_family_t sin_family;        //AF_INET
    in_port_t sin_port;            //16 位的 TCP 或者 UDP 端口号，以网络字节序存储
```

```
    struct in_addr sin_addr;        //32 位的 IPv4 地址,以网络字节序存储
    char sin_zero[8];               //没有用到,必须以 0 填充
};
```

在使用 sockaddr_in 结构体时,由于 sin_zero 成员始终需要被设置为 0,因此,为了方便起见,在初始化结构体时一般将整个结构体置为 0,具体代码如下:

```
struct sockaddr_in serverAddr;
bzero(&serverAddr, sizeof(serverAddr));
```

地址结构体总是以指针的形式来传递给任一个套接口函数,由于多种协议族的存在,套接口函数必须可以处理它所支持的任何协议族的套接口地址结构。所以,在套接口中定义了一个通用的套接口地址结构,所有的地址结构都被转换为下面的结构形式来加以处理。通用套接口地址结构的定义如下:

```
struct sockaddr {
    uint8_t sa_len;
    sa_family_t sa_family;          //协议族类型,AF_xxx
    char sa_data[14];               //协议族相关的地址表示形式
};
```

于是,在使用套接口函数时,所有的地址结构体指针都被转换为 struct sockaddr * 类型,在套接口函数内,依据 struct sockaddr 结构体中的 sa_family 来区分当前这个地址结构体到底是哪种协议族类型。

2) 字节排序和操作函数

考虑一个大于一个字节的整数,它由 n 个字节组成($n>1$)。内存中存储这个整数有两种方式:一种是将低序字节存储在低地址,这种方式被称为小端字节序;另一种是将高序字节存储在低地址,这种方式被称为大端字节序。

小端和大端两种字节序的使用并没有相应的标准,两种格式在不同的系统中都有使用,不同的系统间通信时,必须将各自的数据转换成称为网络字节序的数据格式。网际协议在处理这些数据时采用的是大端字节序,即使用网际协议通信的两个系统必须首先将自己的数据转换为大端字节序。系统提供了 4 个用于主机字节序和网络字节序之间进行转换的函数:

函数原型:uint16_t htons(uint16_t host16bitvalue);

功能:将一个以主机字节序表示的 16 位整数转换为以网络字节序表示的整数。

参数:host16bitvalue 是以主机字节序表示的 16 位整数。

返回值:以网络字节序表示的 16 位整数。

头文件:使用本函数需要包含<netinet/in. h>。

函数原型:uint32_t htonl(uint32_t host32bitvalue);

功能:将一个以主机字节序表示的 32 位整数转换为以网络字节序表示的整数。

参数:host32bitvalue 是以主机字节序表示的 32 位整数。

返回值:以网络字节序表示的 32 位整数。

头文件:使用本函数需要包含<netinet/in. h>。

函数原型:uint16_t ntohs(uint16_t net16bitvalue);

功能：将一个以网络字节序表示的 16 位整数转换为以主机字节序表示的整数。

参数：host16bitvalue 是以网络字节序表示的 16 位整数。

返回值：以主机字节序表示的 16 位整数。

头文件：使用本函数需要包含<netinet/in.h>。

函数原型：uint32_t ntohl(uint32_t net32bitvalue);

功能：将一个以网络字节序表示的 32 位整数转换为以主机字节序表示的整数。

参数：host32bitvalue 是以网络字节序表示的 32 位整数。

返回值：以主机字节序表示的 32 位整数。

头文件：使用本函数需要包含<netinet/in.h>。

当涉及套接口地址结构这类问题时,这些结构体的字段可能包含多字节的 0,但它们又不是 C 字符串,在头文件<string.h>中定义的以 str 开头的函数,包括字串比较等都不能操作这些结构体的字段。为此,系统提供了两组函数用以处理这些字段,一组函数的函数名以字母 b 打头,由几乎任何支持套接口函数的系统提供;另一组的函数名以 mem 打头;由任何支持 ANSI C 库的系统提供,详细内容如下:

函数原型：void bzero(void * dest, size_t nbytes);

功能：将目标字节串中指定数量的字节置为 0。

参数：

• dest：目标字节串起始地址。

• nbytes：需要置 0 的字节数量。

返回值：无。

头文件：使用本函数需要包含<string.h>。

函数原型：void bcopy(const void * src, void * dest, size_t nbytes);

功能：将指定数据的字节从源字节串复制到目标字节串。

参数：

• src：源字节串起始地址。

• dest：目标字节串起始地址。

• nbytes：需要复制的字节数量。

返回值：无。

头文件：使用本函数需要包含<string.h>。

函数原型：int bcmp(const void * ptr1, const void * ptr2, size_t nbytes);

功能：比较任意两个字节串。

参数：

• ptr1：字节串 1 的起始地址。

• ptr2：字节串 2 的起始地址。

• nbytes：需要比较的字节数量。

返回值：字节串相同返回 0,否则返回非 0 值。

头文件：使用本函数需要包含<string.h>。

函数原型：void * memset(void * dest, int c, size_t len);

功能：将目标字节串中指定数量的字节以指定值填充。

参数：

- dest：目标字节串起始地址。
- c：用于填充字节串的值。
- nbytes：需要填充的字节数量。

返回值：目标字节串的起始地址。

头文件：使用本函数需要包含＜string.h＞。

函数原型：void * memcpy(void * dest, const void * src, size_t nbytes);

功能：将指定数据的字节从源字节串复制到目标字节串。

参数：

- dest：目标字节串起始地址。
- src：源字节串起始地址。
- nbytes：需要复制的字节数量。

返回值：目标字节串的起始地址。

头文件：使用本函数需要包含＜string.h＞。

函数原型：int memcmp (const void * ptr1, const void * ptr2, size_t nbytes);

功能：比较任意两个字节串。

参数：

- ptr1：字节串 1 的起始地址。
- ptr2：字节串 2 的起始地址。
- nbytes：需要比较的字节数量。

返回值：字节串相同返回 0,否则返回非 0 值。

头文件：使用本函数需要包含＜string.h＞。

3) Socket 常用 API 函数

为了执行网络 I/O,一个进程必须做的第一件事就是调用 socket(),指定期望的通信协议类型。socket()的函数原型及功能描述如下：

函数原型：int socket(int family, int type, int protocol);

功能：创建一个套接口。

参数：

- family：指定期望使用的协议族,可选值如表 3.1 所示。
- type：指定套接口类型,可选值如表 3.2 所示。
- protocol：协议类型,设置为 0 时表示选择给定 family 和 type 组合的系统默认值,或者可以选择设置为表 3.3 所列出的值。

返回值：执行成功返回非负整数,它与文件描述字类似,称为套接口描述字。

头文件：使用本函数需要包含＜sys/socket.h＞。

TCP 客户可以使用 connect()建立与 TCP 服务器的连接。使用 connect()建立 TCP 连接时,需要指定服务器的 IP 地址和端口号等信息,但是不必指定本地的 IP 地址或端口号,内核会确定本地 IP 地址,并选择一个临时端口作为源端口。connect()的函数原型和功能描述如下：

函数原型：int connect (int sockfd, const struct sockaddr * servaddr, socklen_t addrlen);

功能：TCP 客户端向服务器发起连接。

参数：

- sockfd：套接口描述口,由 socket()返回。
- servaddr：含有服务器 IP 地址和端口信息的地址结构指针。
- addrlen：地址结构长度。

返回值：执行成功返回 0,失败返回−1。

头文件：使用本函数需要包含<sys/socket.h>。

bind()可以把本地协议地址赋予一个套接口。对于网际协议,协议地址是 32 位的 IPv4 地址或 128 位的 IPv6 地址与 16 位的 TCP 或 UDP 端口号的组合。执行 bind()后,指定的协议地址(IP 地址和端口)即被宣布由某个套接口拥有,此后通过该地址发生的网络通信都由该套接口进行控制。bind()常被 TCP 或 UDP 服务器用来指定某个特定的端口以便可以接收客户端的连接请求。bind()的函数原型和功能描述如下:

函数原型：int bind(int sockfd, const struct sockaddr * myaddr, socklen_t addrlen);

功能：将指定协议地址绑定至某个套接口。

参数：

- sockfd：套接口描述字,由 socket()返回。
- servaddr：含有本地 IP 地址和端口信息的地址结构指针。
- addrlen：地址结构长度。

返回值：执行成功返回 0,失败返回−1。

头文件：使用本函数需要包含<sys/socket.h>。

说明：对于 IPv4 来说,可以使用常量 INADDR_ANY 表示任意 IP 地址。如果本地 IP 地址设置为 INADDR_ANY,内核将自动确定本地 IP 地址。

listen()仅由 TCP 服务器调用,该函数将做下面的工作:

当 socket()创建一个套接口时,它被假设为一个主动套接口,即它是一个将调用 connect 发起连接的客户套接口。listen()把一个未连接的套接口转换成一个被动套接口,指示内核应接受指向该套接口的连接请求。

该函数的第二个参数规定了内核应该为相应套接口排队的最大连接个数,即指定了 TCP 服务器可以处理的连接请求的个数。

listen()的函数原型和功能描述如下:

函数原型：int listen(int sockfd, int backlog);

功能：将套接口转换至被动状态,等待客户端的连接请求。

参数：

- sockfd：套接口描述字,由 socket()返回。
- backlog：最大允许的连接请求数量。

返回值：执行成功返回 0,失败返回−1。

头文件：使用本函数需要包含<sys/socket.h>。

说明：该函数应在调用 socket()和 bind()两个函数之后,并在调用 accept()之前调用。

accept()由 TCP 服务器调用,用于从连接队列获取下一个已完成的连接。如果连接队列为空,则进程将进入睡眠状态(假定套接口为默认的阻塞方式)。accept()的第一个参数指定了监听套接口的描述字,该描述字用于指示需要由哪个监听状态的套接口获取连接。accept()的返回值也是一个套接口描述字,它表示了已经连接的套接口的描述字。监听套接口在服务器的生命期内一直存在,而连接套接口在与当前客户端的通信服务完成之后即被关闭。accept()的函数原型和功能描述如下:

函数原型: int accept(int sockfd, struct sockaddr * cliaddr, socklen_t
　　　　　* addrlen);

功能:从连接队列里获取一个已完成的连接。

参数:

- sockfd:监听套接口描述字。
- cliaddr:用来返回客户端地址信息的结构体指针。
- addrlen:用来返回客户端地址信息结构体的长度。

返回值:执行成功返回一个非负的连接套接口描述字,否则返回-1。

头文件:使用本函数需要包含<sys/socket.h>。

成功建立连接之后,可以使用 recv()完成数据的接收。recv()的函数原型和功能描述如下:

函数原型: int recv(int sockfd, void * buf, int len, unsigned int flag);

功能:从一个已经连接的套接口接收数据。

参数:

- sockfd:连接套接口描述字。
- buf:用于保存接收数据的缓冲区地址。
- len:需要接收的数据字节数。
- flag:一般设置为 0。

返回值:执行成功返回实际接收到的数据字节数,否则返回-1。

头文件:使用本函数需要包含<sys/socket.h>。

使用 send()可以完成数据的发送。send()的函数原型和功能描述如下:

函数原型: int send(int sockfd, const void * buf, int len, unsigned int
　　　　　flag);

功能:从一个已经连接的套接口发送数据。

参数:

- sockfd:连接套接口描述字。
- buf:用于保存发送数据的缓冲区地址。
- len:需要发送的数据字节数。
- flag:一般设置为 0。

返回值:执行成功返回实际发送的数据字节数,否则返回-1。

头文件:使用本函数需要包含<sys/socket.h>。

在完成数据通信之后,可以使用 close()关闭套接口,同时终止当前连接。close()的函数原型和功能描述如下:

函数原型: int close(int sockfd);

功能:关闭一个套接口。

参数:sockfd 是套接口描述字。

返回值：执行成功返回 0,否则返回-1。

头文件：使用本函数需要包含<unistd.h>。

3. 本实验原理

本实验需要实现一个 TCP 服务器,该服务器将一直监听某一端口,等待客户端发起的连接请求。当客户端与实验箱的服务器端建立 TCP 连接后,客户端如果向服务器端发送数据,则服务器端收到数据后会将数据重新发送给客户端。TCP 服务器的程序流程如图 4.12 所示。

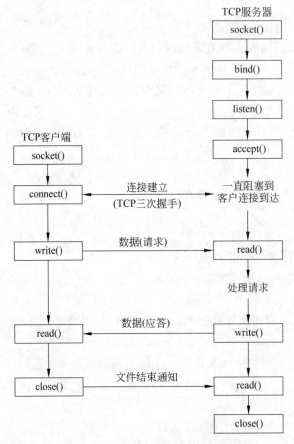

图 4.12　TCP 服务器程序流程图

【实验步骤】

（1）将实验箱的串口和网线连接到计算机,并插入 USB 接口的 WiFi 模块,硬件详细连接如图 1.19 所示。

（2）按照流程图编写程序(可参考"物联网高级实践技术\CODE\第 4 章 WiFi 传感网实验\ex22_WiFi_TCP_Server\")。

（3）编译程序 arm-linux-gcc - g ex22_Wifi_TCP_Server.c - o ex22_Wifi_TCP_Server,如图 4.13 所示。

图 4.13　编译 WiFi 程序

（4）插入驱动程序，查看本地 WiFi 设备 iwconfig 并配置，参考步骤参考实验 4.1。

（5）查看当前系统是否有进程占用端口号 ps|grep ccwifiService，使用 kill 1419 命令结束占用端口的进程，如图 4.14 所示。

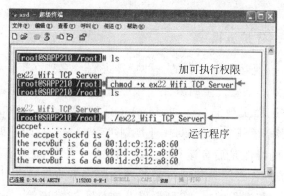

图 4.14　结束对应进程

（6）将文件复制到实验箱，详细过程参考实验 1.1，加可执行权限 chmod ＋x ex22_WiFi_TCP_Server，并运行. /ex22_WiFi_TCP_Server，如图 4.15 所示。

（7）"物联网高级实践技术\CODE\第 4 章 WIFI 传感网实验\ex22_WiFi_TCP_Server\ex22"的代码使 WiFi 节点连接到 TCP 服务器上，观察现象，如图 4.15 所示。

图 4.15　运行 WiFi 测试程序并查看结果

【范例路径】

本书提供本实验的参考程序，可在清华大学出版社网站下载，路径如下：

物联网高级实践技术\CODE\第 4 章 WIFI 传感网实验 \ex22_WiFi_TCP_Server

实验 4.3 WiFi 后台服务实验

【实验目的】

(1) 了解 WiFi 的通信原理。

(2) 了解 WiFi 后台程序的工作原理。

(3) 熟悉 WiFi 后台程序的接口。

【实验设备】

(1) 装有 Linux 系统或装有 Linux 虚拟机的计算机一台。

(2) 物联网多网技术综合教学开发设计平台一套。

(3) 串口线或 USB 线(A-B)一条。

(4) USB 接口 WiFi 模块。

【实验要求】

(1) 实现功能: 运行 WiFi 后台程序,编写测试程序,调用 WiFi 后台程序的接口,并获取数据。

(2) 实验现象: 将调用 WiFi 程序的接口获取的数据显示到终端上。

【实验原理】

1. 后台服务程序(守护进程)

守护进程(Daemon)是运行在后台的一种特殊进程。它独立于控制终端,并且周期性地执行某种任务或等待处理某些发生的事件。守护进程是一种很有用的进程。Linux 的大多数服务器就是用守护进程实现的。例如,Internet 服务器 inetd、Web 服务器 httpd 等。同时,守护进程完成许多系统任务。例如,作业规划进程 crond、打印进程 lpd 等。

守护进程最重要的特性是后台运行。首先,在这一点上 DOS 下的常驻内存程序 TSR 与之相似。其次,守护进程必须与其运行前的环境隔离开来。这些环境包括未关闭的文件描述符、控制终端、会话和进程组、工作目录以及文件创建掩模等。这些环境通常是守护进程从执行它的父进程(特别是 shell)中继承下来的。最后,守护进程的启动方式有其特殊之处。它可以在 Linux 系统启动时从启动脚本/etc/rc.d 中启动,可以由作业规划进程 crond 启动,还可以由用户终端(通常是 shell)执行。

总之,除开这些特殊性以外,守护进程与普通进程基本上没有什么区别。因此,编写守护进程实际上是把一个普通进程按照上述的守护进程的特性改造成为守护进程。如果对进程有比较深入的认识就更容易理解和编程了。

2. WiFi 后台程序的接口

函数原型：int ccwifi_get_temp(char * hwaddr, char * ipaddr, char * value);

功能：获取 WiFi 后台上传的温度数据。

参数：

- hwaddr：WiFi 的 Mac 地址。
- ipaddr：WiFi 的 IP 地址。
- value：WiFi 节点的温度值。

返回值：执行成功返回 0，失败返回 -1。

头文件：使用本函数需要包含<libccwifi.h>。

【实验步骤】

（1）将实验箱的串口和网线连接到计算机，并插入 USB 接口的 WiFi 模块，硬件详细连接如第 1 章的图 1.19 所示。

（2）编写程序调用接口（可参考"物联网高级实践技术\CODE\第 4 章 WiFi 传感网实验\ex23_WiFi_Daemon"）。

（3）程序编译需要头文件和动态库的支持，将"物联网高级实践技术\CODE\第 4 章 WIFI 传感网实验\ex23_WiFi_Daemom"下的 lib 和 include 目录复制到编译程序的目录，编译程序"arm-linux-gcc -o ex23_Wifi_Daemon_Test ex23_Wifi_Daemon_Test.c -I ./include -L ./lib/-lccwifi-lcccomm"，如图 4.16 所示。

图 4.16　编译 WiFi 后台服务测试程序

（4）插入驱动程序，查看本地蓝牙设备 iwconfig 并配置，参考步骤参考实验"第 4 章 实验 4.1 WiFi 软 AP 实验"。

（5）将编译生成的文件复制到实验箱，并将"物联网高级实践技术\CODE\第 4 章 WiFi 传感网实验\ex23_WiFi_Daemom"目录下的 ccwifiService 文件复制到实验箱。详细过程参考"第 1 章 实验 1.1 嵌入式开发环境搭建实验"，加可执行权限 chmod ＋x ccwifiService 和 chmod ＋x ex23_Wifi_Daemon，并运行./ccwifiService 和./ex23_Wifi_Daemon，查看运行结果，如图 4.17 所示。

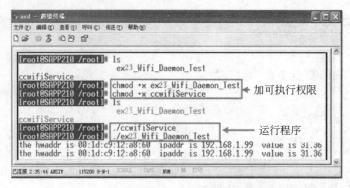

图 4.17　运行 WiFi 后台服务测试程序

【范例路径】

本书提供本实验的参考程序,可在清华大学出版社网站下载,路径如下:

物联网高级实践技术\CODE\第 4 章 WiFi 传感网实验 \ex23_Wifi_Daemon

实验 4.4　WiFi 节点数据实时采集实验

【实验目的】

(1) 了解 WiFi 的通信原理。

(2) 熟悉 WiFi 设备在 Qt 下的编程。

【实验设备】

(1) 装有 Linux 系统或装有 Linux 虚拟机的计算机一台。

(2) 物联网多网技术综合教学开发设计平台一套。

(3) 串口线或 USB 线(A-B)一条。

(4) USB 接口 WiFi 模块

【实验要求】

(1) 实现功能:编写 Qt 程序实时显示 WiFi 模块收到的实时数据。

(2) 实验现象:可以看到 WiFi 模块通信的数据。

【实验原理】

实验原理见实验 4.1。

【API 详解】

API 格式：void WifiNet::showOut(void)

功能说明：弹出窗体显示，显示 WiFi 界面。

参数：为空。

返回值：返回值为空。

【实验步骤】

（1）新建 Qt 的工程，按照实验 1.2 提到的方式完成新建。将"物联网高级实践技术\
CODE\第 4 章 WiFi 传感网实验\ex24_WiFi_Data"的文件夹 include、lib 和 wifiWidget 复制
到新建工程的目录下，类似第 3 章的图 3.17 所示。

（2）单击工程编辑，在 Qt 工程目录中右击 ex24_Wifi_Data，在弹出的快捷菜单中选择
Add Existing Files，类似第 3 章的图 3.18 所示。

（3）在弹出对话框中选择添加 wifiWidget 文件夹下的 wifinet.h、wifinet.cpp、wifi.ui、
wifireadthread.h、wifireadthread.cpp 文件，单击"打开"按钮，类似第 3 章的图 3.19 所示。

（4）双击工程文件 ex24_Blue_Data.pro，在其中添加：

```
INCLUDEPATH += ./lib
LIBS += -L ./lib\
            -lccwifi\
            -lcccomm
```

如图 4.18 所示，表示要连接数据库的动态库，且包含其对应头文件。

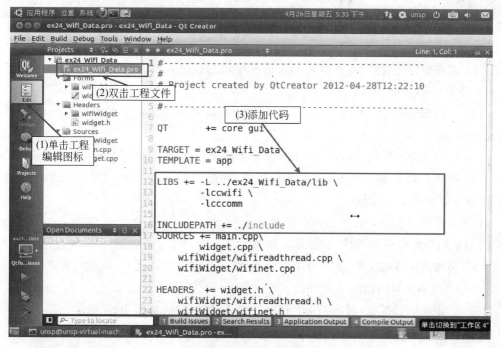

图 4.18　增加编译连接代码

（5）单击工程编辑图标，进入工程编辑后双击 widget.ui 的文件，类似第 3 章的图 3.21 所示。

（6）选中 pushButton 拖动到编辑窗口，双击改名为"显示"，类似第 3 章的图 3.22 所示。

（7）右击"显示"，在弹出的快捷菜单中选择 Go to slot 命令，类似第 3 章的图 3.23 所示。

（8）在弹出的对话框中单击 clicked()，然后单击 OK 按钮，如第 3 章的图 3.24 所示。

（9）在出现的 widget.cpp 文件对应的行添加代码，如图 4.19 所示。

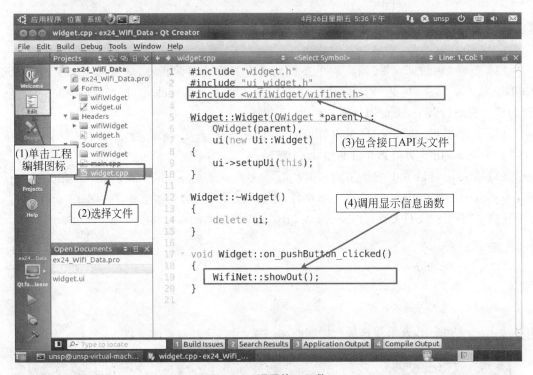

图 4.19 调用接口函数

（10）单击编译选择图标，在弹出的对话框中单击编译选择，在弹出的下拉菜单中选择 QtforA8 Release，如第 3 章的图 3.26 所示。

（11）单击 Project 选项，在 General 选项框中取消对 Shadow build 复选框的勾选，如第 3 章的图 3.27 所示。

（12）选择菜单栏中的 Build→Build All 命令编译工程，如第 3 章的图 3.28 所示。

（13）将实验箱的串口和网线连接到计算机，并插入 USB 接口的 WiFi 模块，硬件详细连接如第 1 章的图 1.19 所示。

（14）查看当前系统是否有进程占用端口号 ps|grep CenterControl，使用 kill 1437 命令结束占用系统资源的进程，如第 3 章图 3.29 所示。

（15）将编译生成的文件 ex24_WiFi_Data 复制到实验箱并运行./ex24_WiFi_Data，查看运行结果，如第 3 章的图 3.30 所示。

（16）单击"显示"按钮，显示当前人体红外传感器的信息，如图 4.20 所示。

图 4.20　WiFi 操作界面

【范例路径】

本书提供本实验的参考程序,可在清华大学出版社网站下载,路径如下:

物联网高级实践技术\CODE\第 4 章 WiFi 传感网实验\ex24_WiFi_Data

实验 4.5　WiFi 温湿度传感器温度曲线显示实验

【实验目的】

(1) 了解 WiFi 的通信原理。

(2) 熟悉 WiFi 设备在 Qt 下的编程。

【实验设备】

(1) 装有 Linux 系统或装有 Linux 虚拟机的计算机一台。

(2) 物联网多网技术综合教学开发设计平台一套。

(3) 串口线或 USB 线(A-B)一条。

(4) USB 接口 WiFi 模块。

【实验要求】

(1) 实现功能:编写 Qt 程序实时显示 WiFi 模块收到的实时数据。

(2) 实验现象:可以看到 WiFi 模块通信的数据。

【实验原理】

实验原理见实验 4.1。

【API 详解】

API 格式:void WifiNet::showOut(void)

功能说明:弹出窗体显示,显示 WiFi 界面。

参数:为空。

返回值：返回值为空。

【实验步骤】

（1）将实验箱的串口和网线连接到计算机，并插入 USB 接口的 WiFi 模块，硬件详细连接如第 1 章的图 1.19 所示。

（2）新建 Qt 的工程，按照实验 1.2 提到的方式完成新建。将"物联网高级实践技术\CODE\第 4 章 WiFi 传感网实验\ex25_WiFi_Graph"的文件夹 include、lib 和 wifiWidget 复制到新建工程的目录下，类似第 3 章的图 3.17 所示。

（3）单击工程编辑，在 Qt 工程目录中右击 ex25_WiFi_Graph，在弹出的快捷菜单中选择 Add Existing Files 命令，类似图 3.18 所示。

（4）在弹出对话框中选择添加 wifiWidget 文件夹下的 wifinet.h、wifinet.cpp、wifi.ui、datagridlabel.h、datagridlabel.cpp 文件，单击"打开"按钮，类似图 3.19 所示。

（5）双击工程文件 ex25_Blue_Graph.pro，在其中添加：

```
INCLUDEPATH +=./lib
LIBS +=-L ../ex25_Wifi_Graph/lib\
            -lccwifi\
            -lcccomm
```

如图 4.21 所示，表示要连接数据库的动态库，且包含其对应头文件。

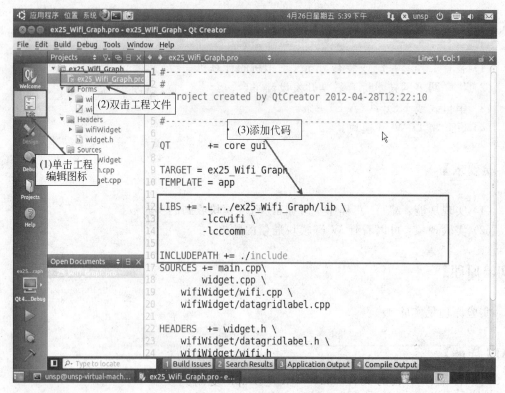

图 4.21　增加编译连接代码

（6）单击工程编辑图标，进入工程编辑后双击 widget. ui 文件，如第 3 章的图 3.21 所示。

（7）选中 pushButton 拖动到编辑窗口，双击改名为"显示"，如第 3 章的图 3.22 所示。

（8）右击"显示"，在弹出的快捷菜单中选择 Go to slot 命令，如第 3 章的图 3.23 所示。

（9）在弹出的对话框中单击 clicked()，然后单击 OK 按钮，如第 3 章的图 3.24 所示。

（10）在出现的 widget. cpp 文件对应的行添加代码，如图 4.22 所示。

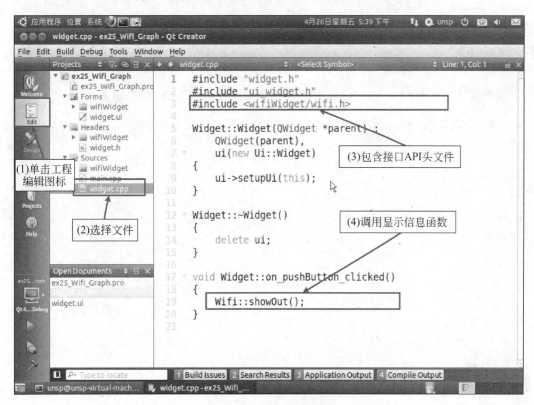

图 4.22　调用接口函数

（11）单击编译选择图标，在弹出的对话框中单击编译选择，在弹出的下拉菜单中选择 Qt for A8 Release，如第 3 章的图 3.26 所示。

（12）单击 Project 选项，在 General 选项框中取消对 Shadow build 复选框的勾选，如第 3 章的图 3.27 所示。

（13）选择菜单栏中的 Build→Build All 命令编译工程，如第 3 章的图 3.28 所示。

（14）将实验箱的串口和网线连接到计算机，并插入 USB 接口的 WiFi 模块，硬件详细连接如第 1 章的图 1.19 所示。

（15）查看当前系统是否有进程占用端口号 ps|grep CenterControl，使用 kill 1437 命令结束占用系统资源的进程，如第 3 章的图 3.29 所示。

（16）将编译生成的文件 ex25_WiFi_Graph 复制到实验箱，并运行. /ex25_WiFi_Graph，查看运行结果，如第 3 章的图 3.30 所示。

（17）单击"显示"按钮，显示当前 WiFi 传感器的温度曲线图，如图 4.23 所示。

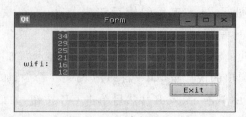

图 4.23　WiFi 节点温度曲线图显示界面

【范例路径】

本书提供本实验的参考程序,可在清华大学出版社网站下载,路径如下:

物联网高级实践技术\CODE\第 4 章 WiFi 传感网实验\ex25_WiFi_Data

第5章 射频识别传感网实验

实验 5.1 近距离 ID 卡读取实验

【实验目的】

(1) 了解 ID 卡的基本原理。
(2) 熟悉 125kHz 读卡模块的使用方法。

【实验设备】

(1) 装有 Linux 系统或装有 Linux 虚拟机的计算机一台。
(2) 物联网多网技术综合教学开发设计平台一套。
(3) 串口线或 USB 线(A-B)一条。
(4) RFID 125kHz 模块一个。

【实验要求】

(1) 要求：了解 ID 卡的基本原理。
(2) 实现功能：利用 RFID_Tool 测试 ID 卡的读取。
(3) 实验现象：刷卡后，RFID_Tool 显示 ID 卡的卡号。

【实验原理】

1. ID 卡简介

ID 卡(Identification Card，身份识别卡)是一种不可写入的感应卡，含固定的编号，主要有我国台湾 SYRIS 的 EM 格式、美国 HIDMOTOROLA 等各类 ID 卡。ID 卡与磁卡一样，都仅仅使用了"卡的号码"而已，卡内除了卡号外，无任何保密功能，其"卡号"是公开、裸露的。所以说 ID 卡就是"感应式磁卡"。ISO 标准 ID 卡的规格为 $85.6 \times 54 \times 0.80 \pm 0.04$mm(高/宽/厚)，市场上也存在一些厚、薄卡或异型卡。

2. ID 卡的工作原理

系统由卡、读卡器和后台控制器组成。ID 卡的工作过程如下：
(1) 读卡器将载波信号经天线向外发送，载波频率为 125kHz(THRC12)。

（2）ID卡进入读卡器的工作区域后，由卡中电感线圈和电容组成的谐振回路接收读卡器发射的载波信号，卡中芯片的射频接口模块由此信号产生出电源电压、复位信号及系统时钟，使芯片"激活"。

（3）芯片读取控制模块将存储器中的数据经调相编码后调制在载波上经卡内天线回送给读卡器。

（4）读卡器对接收到的卡回送信号进行解调、解码后送至后台计算机。

（5）后台计算机根据卡号的合法性，针对不同应用做出相应的处理和控制。

3. 本实验箱配置的 125kHz 读卡模块简介

本实验箱的 125kHz 读卡模块接口为 UART 接口（19 200 波特率），当有卡靠近模块天线时，模块会以 UART 方式输出 ID 卡卡号，用户仅需简单的读取即可，该读卡模块完全支持 EM、TK 及其兼容卡片的操作。125kHz 读卡模块和 ID 卡如图 5.1 所示。

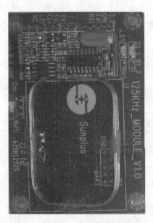

图 5.1　125kHz 读卡模块和 ID 卡

4. 数据通信协议

UART 接口一帧的数据格式为 1 个起始位，8 个数据位，无奇偶校验位，1 个停止位。

输出波特率：19 200bps。

数据格式：5 字节数据，高位在前，格式为 4 字节数据＋1 字节校验（异或和）。例如，卡号数据为 12345678，则输出为 0x12 0x34 0x56 0x78 0x08（异或和计算：$0x12^0 x34^0 x56^0 x78 = 0x08$），当有卡进入该射频区域内时，主动发出以上格式的卡号数据。

【实验步骤】

（1）将实验箱的串口和网线连接到计算机，硬件详细连接如第 1 章的图 1.19 所示。

（2）新建 Qt 的工程，按照实验 1.2 提到的方式完成新建。将"物联网高级实践技术\CODE\第 5 章 射频识别传感网实验\ex26_RFID_125K"的文件夹 include、lib 和 rfidWidget 复制到新建工程的目录下，类似第 3 章的图 3.17 所示。

（3）单击工程编辑，在 Qt 工程目录中右击 ex26_RFID_125K，在弹出的快捷菜单中选择 Add Existing Files 命令，类似第 3 章的图 3.18 所示。

（4）在弹出的对话框中选择添加 rfidWidget 文件夹下的 rfid_125k.h、rfid_125k.cpp、rfid_125k.ui、ioportManager.h 和 ioportmanager.cpp 文件，单击"打开"按钮，类似第 3 章的图 3.19 所示。

（5）双击工程文件 ex26_RFID_125K.pro，在其中添加：

```
LIBS +=-L ../ex26_RFID_125K/lib\
            -lcrfid\
INCLUDEPATH +=./include
```

如图 5.2 所示，表示要连接数据库的动态库，且包含其对应头文件。

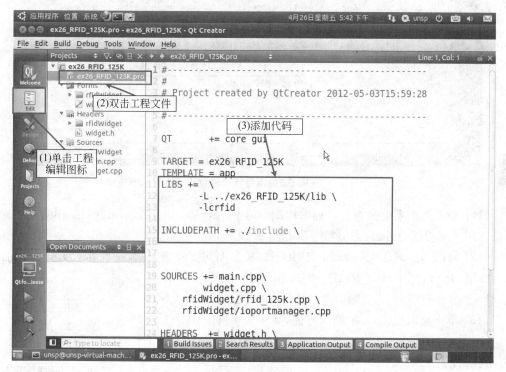

图 5.2　增加编译连接代码

（6）单击工程编辑图标，进入工程编辑后双击 widget.ui 文件，类似第 3 章的图 3.21 所示。

（7）选中 pushButton 拖动到编辑窗口，双击改名为"显示"，类似第 3 章的图 3.22 所示。

（8）右击"显示"，在弹出的快捷菜单中选择 Go to slot 命令，类似第 3 章的图 3.23 所示。

（9）在弹出的对话框中单击 clicked()，然后单击 OK 按钮，类似第 3 章的图 3.24 所示。

（10）在出现的 widget.cpp 文件对应的行添加代码，如图 5.3 所示。

（11）单击编译选择图标，在弹出的对话框中单击编译选择，在弹出的下拉菜单中选择 QtforA8 Release，类似第 3 章的图 3.26 所示。

（12）单击 Project 选项，在 General 选项框中取消对 Shadow build 复选框的勾选，类似第 3 章的图 3.27 所示。

（13）选择菜单栏中的 Build→Build All 命令编译工程，类似第 3 章的图 3.28 所示。

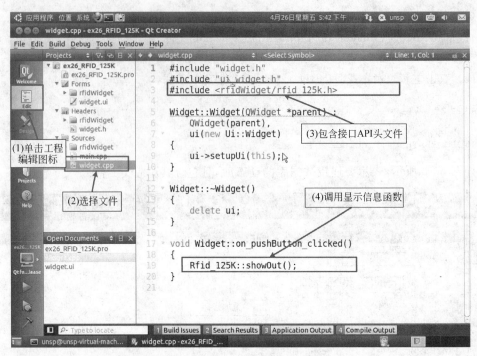

图 5.3　调用接口函数

（14）查看当前系统是否有进程占用端口号 ps｜grep CenterControl，使用 kill 1437 命令结束占用系统资源的进程，类似第 3 章的图 3.29 所示。

（15）将编译生成的文件 ex20_RFID_125K 复制到实验箱，详细过程参考实验 1.1，加可执行权限 chmod ＋x ex20_RFID_125K，并运行 ./ex20_RFID_125K，查看运行结果，类似第 3 章的图 3.30 所示。

（16）单击显示按钮，显示刷卡界面，如图 5.4 所示。

图 5.4　RFID_125K 操作界面

【范例路径】

本书提供本实验的参考程序，可在清华大学出版社网站下载，路径如下：

物联网高级实践技术\CODE\第 5 章 射频识别传感网实验 \ex26_RFID_125K

实验 5.2　IEEE 14443 寻卡实验

【实验目的】

（1）了解 IC 卡的基本原理。

（2）了解 IEEE 14443 标准。

（3）熟悉 13.56MHz 读卡模块的使用方法。

（4）熟悉 IEEE 14443 寻卡的方法。

【实验设备】

(1) 装有 Linux 系统或装有 Linux 虚拟机的计算机一台。

(2) 物联网多网技术综合教学开发设计平台一套。

(3) 串口线或 USB 线(A-B)一条。

(4) RFID_13.56M 模块一个。

【实验要求】

(1) 要求：了解 IC 卡的基本原理。

(2) 实现功能：利用 Qt 界面程序读出 IC 卡的卡号。

(3) 实验现象：刷卡后,Qt 程序显示 IC 卡的卡号。

【实验原理】

1. IC 卡简介

IC 卡(Integrated Circuit Card,集成电路卡),又称为智能卡(Smart Card)。可读写容量大,有加密功能,数据记录可靠,使用更方便,如一卡通系统、消费系统等,目前主要有 PHILIPS 的 Mifare 系列卡。IC 卡是继磁卡之后出现的又一种新型信息工具。IC 卡是指集成电路卡,一般用的公交车卡就是 IC 卡的一种,一般常见的 IC 卡采用射频技术与 IC 卡的读卡器进行通信。IC 卡与磁卡是有区别的,IC 卡是通过卡里的集成电路存储信息,而磁卡是通过卡内的磁力记录信息。IC 卡的成本一般比磁卡高,但保密性更好。主要用于公交、轮渡、地铁的自动收费系统,也应用在门禁管理、身份证明和电子钱包方面。

2. IEEE 14443 标准简介

目前在我国常用的两个 RFID 标准为用于非接触智能卡两个 ISO 标准：ISO 14443 和 ISO 15693。ISO 14443 和 ISO 15693 标准在 1995 年开始操作,其完成则是在 2000 年之后,两者皆以 13.56MHz 交变信号为载波频率。ISO 15693 读写距离较远,而 ISO 14443 读写距离稍近,但应用较广泛。目前的第二代电子身份证采用的标准是 ISO 14443 TYPE B 协议。ISO 14443 定义了 TYPE A、TYPE B 两种类型协议,通信速率为 106kb/s,它们的不同主要在于载波的调制深度及位的编码方式。TYPE A 采用开关键控(On-Off keying)的曼彻斯特编码,TYPE B 采用 NRZ-L 的 BPSK 编码。TYPE B 与 TYPE A 相比,具有传输能量不中断、速率更高、抗干扰能力更强的优点。RFID 的核心是防冲撞技术,这也是和接触式 IC 卡的主要区别。ISO 14443-3 规定了 TYPE A 和 TYPE B 的防冲撞机制。两者防冲撞机制的原理不同,前者是基于位冲撞检测协议,而 TYPE B 通信系列命令序列完成防冲撞。ISO 15693 采用轮寻机制、分时查询的方式完成防冲撞机制。防冲撞机制使得同时处于读写区内的多张卡的正确操作成为可能,既方便了操作,也提高了操作的速度。

3. IC 卡的工作原理

射频读写器向 IC 卡发一组固定频率的电磁波,卡片内有一个 LC 串联谐振电路,其频率与读写器发射的频率相同,这样在电磁波激励下,LC 谐振电路产生共振,从而使电容内有了电荷。在这个电荷的另一端接有一个单向导通的电子泵,将电容内的电荷送到另一个电容内存储,当所积累的电荷达到 2V 时,此电容可作为电源为其他电路提供工作电压,将卡内数据发射出去或接收读写器的数据。

4. 本实验箱配置的 13.56MHz 读卡模块简介

读写模块采用 13.56MHz 非接触射频技术,内嵌低功耗射频基站 MFRC522。用户不必关心射频基站的复杂控制方法,只需通过简单的选定 UART 接口发送命令就可以实现对卡片完全的操作。该系列读写模块支持 Mifare One S50、S70、FM11RF08 及其兼容卡片,该模块及相应的 IC 卡片如图 5.5 所示。

图 5.5　13.56MHz 读卡模块和 IC 卡

5. 数据通信协议

异步半双工 UART,一帧的数据格式为 1 个起始位,8 个数据位,无奇偶校验位,1 个停止位。

波特率:19 200bps。

(1) 发送数据封包格式:

数据包帧头 02	数据包内容	数据包帧尾 03

注意:0x02、0x03 被使用为起始字符、结束字符,0x10 被使用为 0x02,0x03 的辨识字符。因此在通信的传输数据之中(起始字符 0x02,至结束字符 0x03 之中)的 0x02、0x03、0x10 字符之前皆必须补插入 0x10 作为数据辨识之用。例如起始字符 0x02,至结束字符 0x03 之中有一原始数据为 0x020310,补插入辨识字符之后,将变更为 0x100210031010。

数据包内容:

模块地址	长度字	命令字	数据域	校验字

- 模块地址:对于单独使用的模块来说固定为 0x0000。对网络版模块来说为 0x0001~0xFFFE。0xFFFF 为广播。
- 长度字:指明从长度字到校验字的字节数。
- 命令字:本条命令的含义。
- 数据域:该条命令的内容,此项可以为空。
- 校验字:从模块地址到数据域最后一字节的逐字节累加值(最后一字节)。

（2）返回数据封包格式：同发送数据封包格式相同。

数据包内容：

模块地址	长度字	命令字	执行结果	数据域	校验字

- 模块地址：对于单独使用的模块来说固定为 0x0000。对网络版模块来说为本身的地址。
- 长度字：指明从长度字到数据域最后一字节的字节数。
- 命令字：本条命令的含义。
- 执行结果：0x00 执行正确。

　　　　　　0x01—0xFF 执行错误。

- 数据域：该条命令的内容,返回执行状态和命令内容。
- 校验字：从模块地址到数据域最后一字节的逐字节累加值（最后一字节）。

6. 寻卡实验所需的命令

（1）寻卡指令如表 5.1 所示。

表 5.1　寻卡指令

命令字	发送数据域	正 确 返 回	错误返回
0x46	1 字节寻卡模式 model＝0x26 为寻未进入休眠状态的卡 model＝0x52 为寻所有状态的卡	2 字节 TagType(返回卡类型值) pTagType:0x0400＝Mifare_One(S50) 0x0200 ＝ Mifare_One(S70)	非 0

（2）防冲突指令如表 5.2 所示。

表 5.2　防冲突指令

命令字	发送数据域	正 确 返 回	错误返回
0x47	1 字节 bcnt（说明：bcnt＝0x04）	4 字节卡序列号	非 0

（3）选卡指令如表 5.3 所示。

表 5.3　选卡指令

命令字	发送数据域	正 确 返 回	错误返回
0x48	4 字节卡序列号	1 字节卡容量	非 0

（4）密钥验证指令如表 5.4 所示。

表 5.4　密钥验证指令

命令字	发送数据域	正确返回	错误返回
0x4A	1 字节密钥验证 model＋1 字节绝对块号＋6 字节密钥 说明：1 字节密钥验证模式：model＝0x60 为验证 A 密钥，model＝ 　　　0x61 为验证 B 密钥	0x00	非 0

【实验步骤】

（1）将实验箱的串口和网线连接到计算机，硬件详细连接如第 1 章的图 1.19 所示。

（2）新建 Qt 的工程，按照实验 1.2 提到的方式完成新建。将"物联网高级实践技术\CODE\第 5 章 射频识别传感网实验\ex27_RFID_IEEE 14443_Search"的文件夹 include、lib 和 rfidWidget 复制到新建工程的目录下，类似第 3 章的图 3.17 所示。

（3）单击工程编辑，在 Qt 工程目录中右击 ex27_RFID_IEEE 14443_Search，在弹出的快捷菜单中选择 Add Existing Files 命令，类似第 3 章的图 3.18 所示。

（4）在弹出的对话框中选择添加 rfidWidget 文件夹下的所有文件，单击打开按钮，类似第 3 章的图 3.19 所示。

（5）双击工程文件 ex27_RFID_IEEE 14443_Search.pro，在其中添加：

```
LIBS +=-L ../ex27_RFID_IEEE 14443_Search/lib\
           -lqextserialport\
INCLUDEPATH +=./include
```

如图 5.6 所示，表示要连接数据库的动态库，且包含其对应头文件。

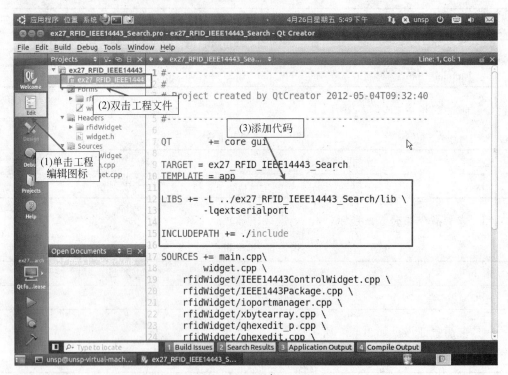

图 5.6　增加编译连接代码

（6）单击工程编辑图标，进入工程编辑后双击 widget.ui 文件，类似第 3 章的图 3.21 所示。

（7）选中 pushButton 拖动到编辑窗口，双击改名为"显示"，类似第 3 章的图 3.22 所示。

（8）右击"显示"，在弹出的快捷菜单中选择 Go to slot 命令，类似第 3 章的图 3.23 所示。

（9）在弹出的对话框中单击 clicked()，然后单击 OK 按钮，类似第 3 章的图 3.24 所示。

（10）在出现的 widget.cpp 文件对应的行添加代码，如图 5.7 所示。

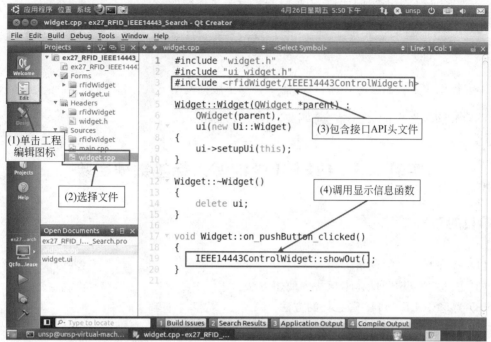

图 5.7　调用接口函数

（11）单击编译选择图标，在弹出的对话框中单击编译选择，在弹出的下拉菜单中选择 Qt 4.7.0 ARM Release，类似第 3 章的图 3.26 所示。

（12）单击 Project 选项，在 General 选项框中取消对 Shadow build 复选框的勾选，类似第 3 章的图 3.27 所示。

（13）选择菜单栏中的 Build→Build All 命令编译工程，类似第 3 章的图 3.28 所示。

（14）查看当前系统是否有进程占用端口号 ps|grep CenterControl，使用 kill 1437 命令结束占用系统资源的进程，类似第 3 章的图 3.29 所示。

（15）将编译生成的文件 ex27_RFID_IEEE 14443_Search 复制到实验箱，详细过程参考实验 1.1，加可执行权限 chmod＋x ex27_RFID_IEEE 14443_Search，并运行./ ex27_RFID_IEEE 14443_Search，查看运行结果，类似第 3 章的图 3.30 所示。

（16）单击显示按钮，显示刷卡界面，如图 5.8 所示。

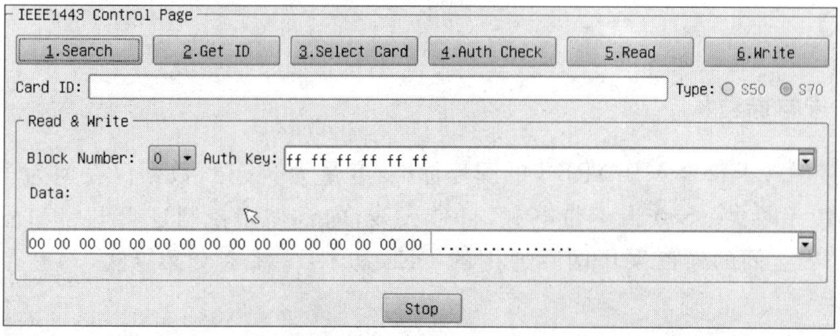

图 5.8　RFID_13.56M 操作界面

（17）依次单击"1. Search"（寻卡）、"2. Get ID"（防冲突）、"3. Select Card"（选卡）、"4. Auth Check"（密钥验证）按钮，卡号显示栏显示读取到的卡号。

【范例路径】

本书提供本实验的参考程序，可在清华大学出版社网站下载，路径如下：

物联网高级实践技术\CODE\第 5 章 射频识别传感网实验 \ex27_RFID_IEEE 14443_Search

实验 5.3　IEEE 14443 写入标签数据实验

【实验目的】

（1）熟悉 S50 卡的存储结构。

（2）熟悉 13.56MHz 读卡模块的使用方法。

（3）熟悉 IEEE 14443 写数据的方法。

【实验设备】

（1）装有 Linux 系统或装有 Linux 虚拟机的计算机一台。

（2）物联网多网技术综合教学开发设计平台一套。

（3）串口线或 USB 线（A-B）一条。

（4）RFID_13.56M 模块一个。

【实验要求】

（1）要求：了解 IEEE 14443 写数据的方法。

（2）实现功能：编写 Qt 程序测试 IC 读卡模块的写数据功能。

（3）实验现象：写数据后，Qt 程序显示"写入数据成功"。

【实验原理】

1. S50 卡存储结构

S50 非接触式卡符合 MIFARE I 的国际标准，容量为 8K 位，数据保存期为 10 年，可改写 10 万次，读无限次。S50 卡不带电源，自带天线，内含加密控制逻辑电路和通信逻辑电路，卡与读写器之间的通信采用国际通用的 DES 和 RES 保密交叉算法，具有极高的保密性能。

M1 卡分为 16 个扇区，每个扇区由 4 块（块 0、块 1、块 2、块 3）组成（也将 16 个扇区的 64 个块按绝对地址编号为 0~63）。S50 卡存储结构如图 5.9 所示。

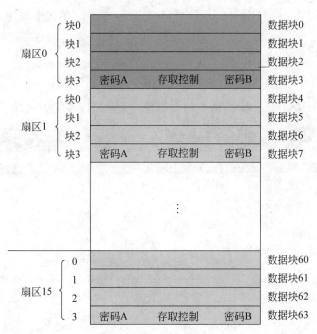

图 5.9 S50 卡存储结构

第 0 扇区的块 0(即绝对地址 0 块)用于存放厂商代码,已经固化,不可更改。

每个扇区的块 0、块 1、块 2 为数据块,可用于存储数据。

每个扇区的块 3 为控制块,包括了密码 A、存取控制、密码 B。

2. 写标签数据命令

写标签数据命令如表 5.5 所示。

表 5.5 写标签数据命令

命令字	发送数据域	正确返回	错误返回
0x4C	1 字节绝对块号＋16 字节要写入的数据说明: S50 块号(0～63) S70 块号(0～255)	0x00	非 0

【实验步骤】

(1) 将实验箱的串口和网线连接到计算机,硬件详细连接如第 1 章的图 1.19 所示。

(2) 新建 Qt 的工程,按照实验 1.2 提到的方式完成新建。将"物联网高级实践技术\CODE\第 5 章 射频识别传感网实验\ex28_RFID_IEEE 14443_Write"的文件夹 include、lib 和 rfidWidget 复制到新建工程的目录下,类似第 3 章的图 3.17 所示。

(3) 单击工程编辑,在 Qt 工程目录中右击 ex28_RFID_IEEE 14443_Write,在弹出的快捷菜单中选择 Add Existing Files 命令,类似第 3 章的图 3.18 所示。

(4) 在弹出对话框中选择添加 rfidWidget 文件夹下的所有文件,单击"打开"按钮,类似第 3 章的图 3.19 所示。

（5）双击工程文件 ex28_RFID_IEEE 14443_Write. pro，在其中添加：

```
LIBS+=-L ./lib\
            -lqextserialport\
INCLUDEPATH +=./include
```

如图 5.10 所示，表示要连接数据库的动态库，且包含其对应头文件。

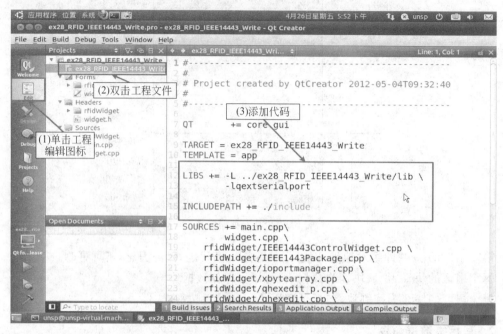

图 5.10　增加编译连接代码

（6）单击工程编辑图标，进入工程编辑后双击 widget. ui 文件，类似第 3 章的图 3.21 所示。

（7）选中 PushButton 拖动到编辑窗口，双击改名为"显示"，类似第 3 章的图 3.22 所示。

（8）右击"显示"，在弹出的快捷菜单中选择 Go to slot 命令，类似第 3 章的图 3.23 所示。

（9）在弹出的对话框中单击 clicked()，然后单击 OK 按钮，类似第 3 章的图 3.24 所示。

（10）在出现的 widget. cpp 文件对应的行添加代码，如图 5.11 所示。

（11）单击编译选择图标，在弹出的对话框中单击编译选择，在弹出的下拉菜单中选择 QtforA8 Release 选项，类似第 3 章的图 3.26 所示。

（12）单击 Project 选项，在 General 选项框中取消对 Shadow build 复选框的钩选，类似第 3 章的图 3.27 所示。

（13）选择菜单栏中的 Build→Build All 命令编译工程，类似第 3 章的图 3.28 所示。

（14）查看当前系统是否有进程占用端口号 ps|grep CenterControl，使用 kill 1437 命令结束占用系统资源的进程，类似第 3 章的图 3.29 所示。

（15）将编译生成的文件 ex28_RFID_IEEE 14443_Write 复制到实验箱，详细过程参考实验 1.1，加可执行权限 chmod＋x ex27_RFID_IEEE 14443_Write，并运行. /ex27_RFID_IEEE 14443_Write，查看运行结果，类似第 3 章的图 3.30 所示。

图 5.11　调用接口函数

　　(16) 单击显示按钮,显示刷卡界面,如图 5.8 所示。

　　(17) 依次单击"1. Search"(寻卡)、"2. Get ID"(防冲突)、"3. Select Card"(选卡)、"4. Auth Check"(密钥验证)按钮,卡号显示栏显示读取到的卡号,选择块号,填入卡的 6 字节密钥(默认全为 0xFF),单击"13.56M 控制"下的"6. Write"(写卡)按钮。

【范例路径】

　　本书提供本实验的参考程序,可在清华大学出版社网站下载,路径如下:

　　物联网高级实践技术\CODE\第 5 章 射频识别传感网实验 \ex28_RFID_IEEE 14443_Write 资料

实验 5.4　　IEEE 14443 读取标签数据实验

【实验目的】

　　(1) 熟悉 S50 卡的存储结构。
　　(2) 熟悉 13.56MHz 读卡模块的使用方法。
　　(3) 熟悉 IEEE 14443 读取标签数据的方法。

【实验设备】

　　(1) 装有 Linux 系统或装有 Linux 虚拟机的计算机一台。

（2）物联网多网技术综合教学开发设计平台一套。

（3）串口线或 USB 线（A-B）一条。

（4）RFID 13.56MHz 模块一个。

【实验要求】

（1）要求：了解 IEEE 14443 读取标签数据的方法。

（2）实现功能：编写 Qt 程序测试 IC 读卡模块的读数据功能。

（3）实验现象：写数据后，Qt 程序显示"读取数据成功"。

【实验原理】

1. S50 卡存储结构

存储结构请参照实验 5.3。

2. 读标签数据命令

读标签数据命令如表 5.6 所示。

表 5.6 读标签命令

命令字	发送数据域	正确返回	错误返回
0x4B	1 字节绝对块号 S50 块号（0～63）；S70 块号（0～255）	16 字节读出的数据	非 0

【实验步骤】

（1）将实验箱的串口和网线连接到计算机，硬件详细连接如第 1 章的图 1.19 所示。

（2）新建 Qt 的工程，按照实验 1.2 提到的方式完成新建。将"物联网高级实践技术
\CODE\第 5 章 射频识别传感网实验 \ex29_RFID_IEEE 14443_Read"的文件夹 include、lib
和 rfidWidget 复制到新建工程的目录下，类似第 3 章的图 3.17 所示。

（3）单击工程编辑，在 Qt 工程目录中右击 ex29_RFID_IEEE 14443_Read，在弹出的快
捷菜单中选择 Add Existing Files 命令，类似第 3 章的图 3.18 所示。

（4）在弹出对话框中选择添加 rfidWidget 文件夹下的所有文件，单击"打开"按钮，类似
第 3 章的图 3.19 所示。

（5）双击工程文件 ex29_RFID_IEEE 14443_Read. pro，在其中添加：

```
LIBS +=-L ./lib\
          -lqextserialport\
INCLUDEPATH +=./include
```

如图 5.12 所示，表示要连接数据库的动态库，且包含其对应头文件。

（6）单击工程编辑图标，进入工程编辑后双击 widget. ui 文件，如第 3 章的图 3.21 所示。

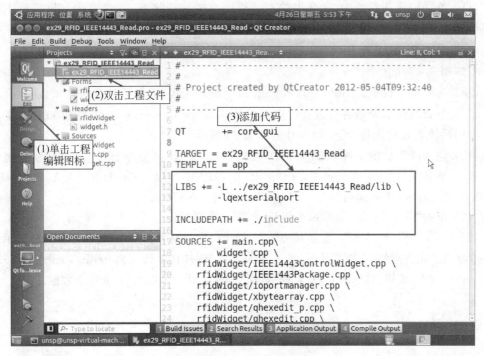

图 5.12　增加编译连接代码

（7）选中 PushButton 拖动到编辑窗口，双击改名为"显示"，类似第 3 章的图 3.22 所示。

（8）右击"显示"，在弹出的快捷菜单中选择 Go to slot 命令，类似第 3 章的图 3.23 所示。

（9）在弹出的对话框中单击 clicked()，然后单击 OK 按钮，类似第 3 章的图 3.24 所示。

（10）在出现的 widget.cpp 文件对应的行添加代码，如图 5.13 所示。

图 5.13　调用接口函数

（11）单击编译选择图标，在弹出的对话框中单击编译选择，在弹出的下拉菜单中选择 Qt for A8Release 选项，类似第 3 章的图 3.26 所示。

（12）单击 Project 选项，在 General 选项框中取消对 Shadow build 复选框的勾选，类似第 3 章的图 3.27 所示。

（13）选择菜单栏中的 Build→Build All 命令编译工程，类似第 3 章的图 3.28 所示。

（14）查看当前系统是否有进程占用端口号 ps|grep CenterControl，使用 kill 1437 命令结束占用系统资源的进程，类似第 3 章的图 3.29 所示。

（15）将编译生成的文件 ex29_RFID_IEEE 14443_Read 复制到实验箱，详细过程参考实验 1.1，加可执行权限 chmod＋x ex29_RFID_IEEE 14443_Read，并运行\ex29_RFID_IEEE 14443_Read，查看运行结果，类似第 3 章的图 3.30 所示。

（16）单击"显示"按钮，显示刷卡界面，如图 5.8 所示。

（17）依次单击"1.寻卡"、"2.防冲突"、"3.选卡"、"4.密钥验证"按钮，卡号显示栏显示读取到的卡号，在"读写操作"下选择块号，填入卡的 6 字节密钥（默认全为 0xFF），单击"13.56M 控制"下的"5.读卡"按钮，读取成功后，软件"数据"一栏会显示读取到的 16 字节数据。

【范例路径】

本书提供本实验的参考程序，可在清华大学出版社网站下载，路径如下：

物联网高级实践技术\CODE\第 5 章 射频识别传感网实验 \ex29_RFID_IEEE 14443_Read 资料

实验 5.5　UHF900M 识别单个标签实验

【实验目的】

（1）了解 UHF900M 的基本概念。

（2）了解 UHF900M 读写器的通信协议。

（3）熟悉 UHF900M 读写器读取单标签的方法。

【实验设备】

（1）装有 Linux 系统或装有 Linux 虚拟机的计算机一台。

（2）物联网多网技术综合教学开发设计平台一套。

（3）串口线或 USB 线（A-B）一条。

（4）RFID 900MHz 模块一个。

【实验要求】

（1）实验要求：了解 UHF900M 的基本概念及单标签识别的方法。

（2）实现功能：编写 Qt 程序测试 900MHz 模块的单标签识别功能。

（3）实验现象：刷卡后，Qt 程序显示 900MHz 标签的 12 字节卡号。

【实验原理】

1. UHF900M 读写器简介

UHF(Ultra High Frequency)指超高频。UHF900M 读写器指工作在 902～928MHz 频段的一类远距离读卡设备。本实验箱配置的 900MHz 读写器读取距离为 0～2m，最大功耗为 5W，支持 ISO-18000-6C(EPC G2)或 ISO-18000-6B 协议，支持单卡读取和多卡读取，具备 Wiegand26\34\42、RS232、RS485 数据接口。

2. 通信帧格式介绍

1）命令帧格式（数据流通方向：主机→读写器）

命令帧格式如表 5.7 所示。

表 5.7　命令帧格式

Packet Type	Length	Command Code	Device Number	Command Data	Checksum
0xA0	N+3	1 byte	1 byte	N byte	1 byte

- Packet Type：包类型域，命令帧包类型固定为 0xA0。
- Length：包长域，表示 Length 域后帧中字节数。
- Command Code：命令码域。
- Device Number：设备号域。当设备号为 00 时表示群发。
- Command Data：命令帧中的参数域。
- Checksum：校验和域，规定校验范围是从包类型域到参数域最后一个字节为止所有字节的校验和。读写器接收到命令帧后需要计算校验和来检错。

2）读写器命令完成响应帧格式（数据流通方向：读写器→主机）

响应帧格式如表 5.8 所示。

表 5.8　响应帧格式

Packet Type	Length	Command Code	Device Number	Status	Checksum
0xE4	0x04	1 byte	1 byte	1 byte	1 byte

Status 是状态域。状态域表明读写器完成计算机命令后读写器状态或执行命令后的结果，其规定如表 5.9 所示。

表 5.9　状态域

序号	值	名　　称	描　　述
1	0x00	ERR_NONE	命令成功完成
2	0x02	CRC_ERROR	CRC 校验错误
3	0x10	COMMAND_ERROR	非法命令
4	0x01	OTHER_ERROR	其他错误

3）读写器发送的信息帧格式（数据流通方向：读写器→主机）

信息帧格式如表 5.10 所示。

表 5.10　信息帧格式

Packet Type	Length	Response Code	Device Number	Response Data	Checksum
0xE0	N+3	1 byte	1 byte	N byte	1 byte

3. 单标签读取命令

单标签读取命令如表 5.11 所示（主机发）。

表 5.11　单标签读取命令

Packet Type	Length	Command Code	Device Number	Checksum
A0	03	82	00	DB

例如，主机发送命令：A0 03 82 00 DB。

识别失败回：(E4 04 82)头，(00)usercode，(05)Status，(91)Checksum。

识别成功回：(E0 10 82)头，(00)usercode，(01)天线号(12 34 00 00 00 00 00 00 00 00 00 00 10)ID，(37)Checksum。

【实验步骤】

（1）将实验箱的串口和网线连接到计算机，硬件详细连接如图 1.19 所示。

（2）新建 Qt 的工程，按照实验 1.2 提到的方式完成新建。将"物联网高级实践技术\CODE\第 5 章 射频识别传感网实验\ex30_RFID_UHF900_Indentify_Single"的文件夹 include、lib 和 rfidWidget 复制到新建工程的目录下，类似第 3 章的图 3.17 所示。

（3）单击工程编辑，在 Qt 工程目录中右击 ex30_RFID_UHF900M_Indentify_Single，在弹出的快捷菜单中选择 Add Existing Files 命令，类似第 3 章的图 3.18 所示。

（4）在弹出对话框中选择添加 rfidWidget 文件夹下的所有文件，单击"打开"按钮，类似第 3 章的图 3.19 所示。

（5）双击工程文件 ex30_RFID_UHF900_Indentify_Single.pro，在其中添加：

```
LIBS +=-L ./lib\
        -lqextserialport\
INCLUDEPATH +=./include
```

如图 5.14 所示，表示要连接数据库的动态库，且包含其对应头文件。

（6）单击工程编辑图标，进入工程编辑后双击 widget.ui 文件，类似第 3 章的图 3.21 所示。

（7）选中 PushButton 拖动到编辑窗口，双击改名为"显示"，类似第 3 章的图 3.22 所示。

（8）右击"显示"，在弹出的快捷菜单中选择 Go to slot 命令，类似第 3 章的图 3.23 所示。

（9）在弹出的对话框中单击 clicked()，然后单击 OK 按钮，类似第 3 章的图 3.24 所示。

（10）在出现的 widget.cpp 文件对应的行添加代码，如图 5.15 所示。

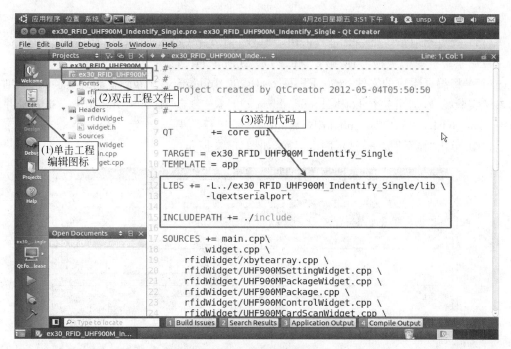

图 5.14　增加编译连接代码

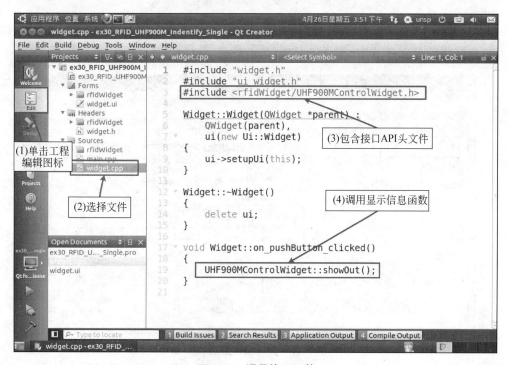

图 5.15　调用接口函数

（11）单击编译选择图标，在弹出的对话框中单击编译选择，在弹出的下拉菜单中选择 Qt for A8 Release 选项，类似第 3 章的图 3.26 所示。

（12）单击 Project 选项，在 General 选项框中取消对 Shadow build 复选框的勾选，类似第 3 章的图 3.27 所示。

（13）选择菜单栏中的 Build→Build All 命令编译工程，类似第 3 章的图 3.28 所示。

（14）查看当前系统是否有进程占用端口号 ps|grep CenterControl，使用 kill 1437 命令结束占用系统资源的进程，类似第 3 章的图 3.29 所示。

（15）将编译生成的文件 ex30_RFID_UHF900_Indentify_Single 复制到实验箱，详细过程参考实验 1.1，加可执行权限 chmod ＋x ex30_RFID_UHF900_Indentify_Single，并运行./ex30_RFID_UHF900_Indentify_Single，查看运行结果，类似第 3 章的图 3.30 所示。

（16）单击"显示"按钮，显示刷卡界面，如图 5.16 所示。

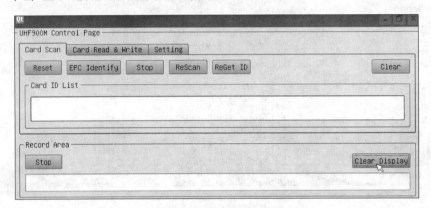

图 5.16　RFID 900M 操作界面

（17）选择 Setting 选项卡，如图 5.17 所示，依次选中读卡模式下面的 Single EPC Scan 以及工作模式下面的 C/S Mode 单选按钮，然后单击 Apply Setting 按钮。

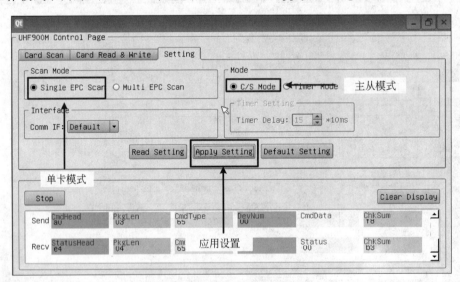

图 5.17　读写器设置选项卡

（18）切换到"Card Scan（标签识别）"选项卡，将 900MHz 卡片放置到天线的上方。

（19）单击"EPC Identify（EPC 标签识别）"按钮，则卡片的 12 字节卡号就会显示在"Card ID List（卡号列表）"一栏，如图 5.18 所示。

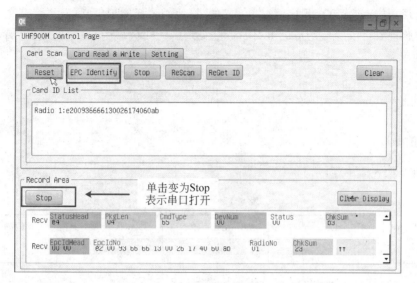

图 5.18   卡片识别成功

【范例路径】

本书提供本实验的参考程序,可在清华大学出版社网站下载,路径如下:

物联网高级实践技术\CODE\第 5 章 射频识别传感网实验 \ex30_RFID_UHF900M_Indentify_Single资料

实验 5.6   UHF900M 识别多个标签实验

【实验目的】

(1) 了解 UHF900M 的基本概念。
(2) 熟悉 UHF900M 读写器多标签识别的方法。

【实验设备】

(1) 装有 Linux 系统或装有 Linux 虚拟机的计算机一台。
(2) 物联网多网技术综合教学开发设计平台一套。
(3) 串口线或 USB 线(A-B)一条。
(4) RFID 900MHz 模块一个。

【实验要求】

(1) 要求:了解多标签识别的方法。

（2）实现功能：编写 Qt 程序测试 900MHz 模块的多标签识别功能。

（3）实验现象：多张卡放入 900MHz 读卡模块的天线区域内，编写的 Qt 程序会读取到这多张卡的卡号。

【实验原理】

1. 复位命令

复位命令如表 5.12 所示。

表 5.12　复位命令

Packet Type	Length	Command Code	Device Number	Checksum
A0	03	65	00	F8

- Packet Type：包类型域，命令帧包类型固定为 0xA0。
- Length：包长域，表示 Length 域后帧中字节数。
- Command Code：命令码，多标签读取命令码为 0x65。
- Device Number：设备号域。当设备号为 00 时表示群发。
- Checksum：校验和域，规定校验范围是从包类型域到 Device Number 为止所有字节的校验和。读写器接收到命令帧后需要计算校验和来检错。

读写器收到此命令帧后，先返回命令完成帧，然后读写器复位。

例如，主机发送命令：

A0 03 65 00 F8

从机回：

E4 04 65 usercode Status Checksum

- Status＝00：成功；
- Status＝其他值：失败。

2. 多标签读取命令

多标签读取命令如表 5.13 所示（主机发）。

表 5.13　多标签读取命令

Packet Type	Length	Command Code	Device Number	Checksum
A0	03	FC	00	61

- Packet Type：包类型域，命令帧包类型固定为 0xA0。
- Length：包长域，表示 Length 域后帧中字节数。
- Command Code：命令码域，多标签读取命令码为 0xFC。
- Device Number：设备号域。当设备号为 00 时表示群发。
- Checksum：校验和域，规定校验范围是从包类型域到 Device Number 为止所有字节的校验和。读写器接收到命令帧后需要计算校验和来检错。

例如,主机发送命令:

A0 03 FF 00 5E

成功回:

E0 04 FC 00 00 20 00 00 66 66 53 82 82 13 00 51 06 00 00 13 01 5F FF 00 00 99 99 99 99 99 99 99 99 00 00 29 9F 01 6F FF

其中:

66 66 53 82 82 13 00 51 06 00 00 13、99 99 99 99 99 99 99 99 00 00 29 9F

为 ID 号。

3. 设置单个读写器参数

设置单个读写器参数如表 5.14 所示(主机发)。

表 5.14　设置单个读写器参数命令

Packet Type	Length	Command Code	Device Number	Parameter Address(MSB)	Parameter Address(LSB)	Parameter Value	Checksum
A0	06	60	00	1 byte	1 byte	1 byte	1 byte

- Packet Type:包类型域,命令帧包类型固定为 0xA0。
- Length:包长域,表示 Length 域后帧中字节数。
- Command Code:命令码域,设置单个读写器参数的命令码为 0x60。
- Device Number:设备号域。当设备号为 00 时表示群发。
- Parameter Address(MSB):参数地址高字节。
- Parameter Address(LSB):参数地址低字节。
- Parameter Value:要设置的参数值。
- Checksum:校验和域,规定校验范围是从包类型域到 Parameter value 为止所有字节的校验和。读写器接收到命令帧后需要计算校验和来检错。

读写器接收到此命令帧后,将需要设置的参数写入 EEPROM 中,并返回命令完成帧。

例如,主机命令:

A0 06 60 00 00 65 96 FF (设置功率)

从机回:

(E4 04 60)头,(00)usercode(00)Status,(B8)Checksum

Status=00:成功;

Status=其他值:失败。

4. 读写器 EEPROM 参数

读写器 EEPROM 参数如表 5.15 所示。

表 5.15　读写器 EEPROM 参数

参数在 EEPROM 中的地址（十六进制）	参 数 含 义	设置操作的有效值	数 值 含 义 解 释	其　　　他
0x65	发射功率	0～150	功率模拟量	
0x70	读写器读卡操作发生模式	1,2,3	1：主从工作模式 2：定时工作模式 3：触发工作模式	注意，工作在模式 2,3 时，主从模式仍然有效
0x71	读卡时间间隔	N 为 10～100	读卡时间间隔（$N×10$）单位：ms	读写器读卡操作发生模式为 2,3 时有效
0x72	读卡器读取到数据后主动发送数据的链路选择	1,2,3	1：RS485 链路 2：wiegand 链路 3：RS232 链路	
0x87	单标签和多标签	0,1	0：EPC 单标签识别 1：EPC 多标签识别	

注：表中地址在命令中使用两个字节。由于上述字节仅一个字节范围，因此实际使用时，命令中的高位字节填写为 0。在上述命令完成后，需要使得读写器使用新的参数工作必须重启读卡器（使用复位命令）。

【实验步骤】

（1）将实验箱的串口和网线连接到计算机，硬件详细连接如第 1 章的图 1.19 所示。

（2）新建 Qt 的工程，按照实验 1.2 提到的方式完成新建。将"物联网高级实践技术\CODE\第 5 章 射频识别传感网实验\ex31_RFID_UHF900_Indentify_Multi"的文件夹 include、lib 和 rfidWidget 复制到新建工程的目录下，类似图 3.17 所示。

（3）单击工程编辑，在 Qt 工程目录中右击 ex31_RFID_UHF900_Indentify_Multi，在弹出的快捷菜单中选择 Add Existing Files 命令，类似第 3 章的图 3.18 所示。

（4）在弹出对话框中选择添加 rfidWidget 文件夹下的所有文件，单击"打开"按钮，类似第 3 章的图 3.19 所示。

（5）双击工程文件 ex31_RFID_UHF900_Indentify_Multi，在其中添加：

```
LIBS +=-L ./lib\
        -lqextserialport\
INCLUDEPATH +=./include
```

如图 5.19 所示，表示要连接数据库的动态库，且包含其对应头文件。

（6）单击工程编辑图标，进入工程编辑后双击 widget. ui 文件，类似第 3 章的图 3.21 所示。

（7）选中 PushButton 拖动到编辑窗口，双击改名为"显示"，类似第 3 章的图 3.22 所示。

（8）右击"显示"，在弹出的快捷菜单栏中选择 Go to slot 命令，类似第 3 章的图 3.23 所示。

（9）在弹出的对话框中单击 clicked()，然后单击 OK 按钮，类似第 3 章的图 3.24 所示。

（10）在出现的 widget.cpp 文件对应的行添加代码，如图 5.20 所示。

（11）单击编译选择图标，在弹出的对话框中单击编译选择，在弹出的下拉菜单中选择 Qt for A8 Release 选项，类似第 3 章的图 3.26 所示。

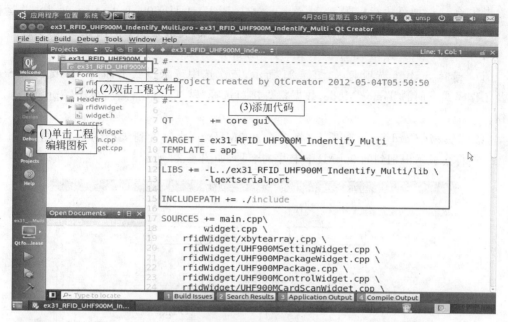

图 5.19　增加编译连接代码

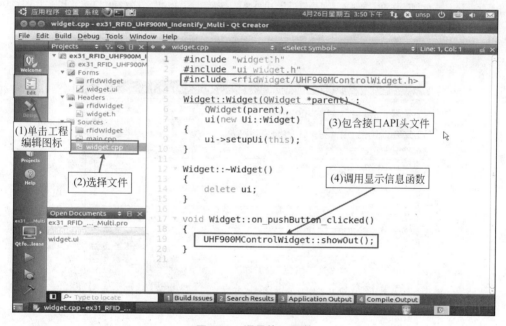

图 5.20　调用接口函数

（12）单击 Project 选项，在 General 选项框中取消对 Shadow build 复选框的勾选，类似第 3 章的图 3.27 所示。

（13）选择菜单栏中的 Build→Build All 命令编译工程，类似第 3 章的图 3.28 所示。

（14）查看当前系统是否有进程占用端口号 ps|grep CenterControl，使用 kill 1437 命令结束占用系统资源的进程，类似第 3 章图 3.29 所示。

（15）将编译生成的文件 ex31_RFID_UHF900_Indentify_Multi 复制到实验箱，详细过

程参考实验 1.1，加可执行权限 chmod ＋x ex31_RFID_UHF900_Indentify_Multi，并运行 ./ex31_RFID_UHF900_Indentify_Multi，查看运行结果，类似第 3 章的图 3.30 所示。

（16）单击"显示"按钮，显示刷卡界面，如图 5.16 所示。

（17）选择 Setting 选项卡，如图 5.21 所示，依次选中读卡模式下面的 Multi EPC Scan 以及工作模式下面的 Timer Mode，数据报告接口选择"默认串口"，然后单击 Apply Setting 按钮。

（18）切换到 Card Scan 选项卡，将多个 900MHz 卡片放置到天线的上方，则 Card ID List 一栏将会显示识别到的 900MHz 卡片的卡号，如图 5.22 所示。

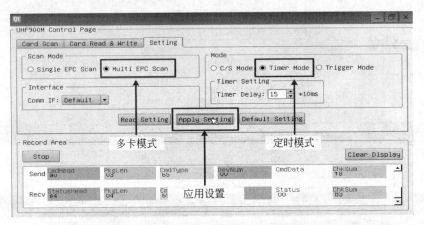

图 5.21　读写器设置选项卡

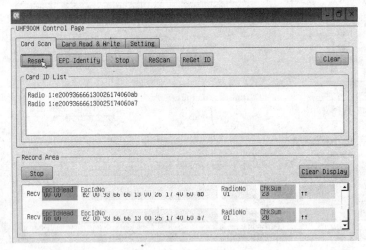

图 5.22　多卡识别

【范例路径】

本书提供本实验的参考程序，可在清华大学出版社网站下载，路径如下：

物联网高级实践技术\CODE\第 5 章 射频识别传感网实验 \ex31_RFID_UHF900M_Indentify_Multi 资料

实验 5.7　IEEE 18000 读取标签数据实验

【实验目的】

(1) 了解 900MHz 标签内部数据区域。

(2) 熟悉读取 900MHz 标签数据的方法。

【实验设备】

(1) 装有 Linux 系统或装有 Linux 虚拟机的计算机一台。

(2) 物联网多网技术综合教学开发设计平台一套。

(3) 串口线或 USB 线(A-B)一条。

(4) RFID 900MHz 模块一个。

【实验要求】

(1) 要求：读取标签数据。

(2) 实现功能：编写 Qt 程序测试 900MHz 模块的读取标签数据功能。

(3) 实验现象：读取成功后，显示读取的数据。

【实验原理】

1. 900MHz 标签内部数据区域简介

数据区域包括保留区(保留)、EPC 区(电子产品代码)、TID 区(标签识别号)和 User 区(用户)4 个独立的存储区块，如表 5.16 所示。

表 5.16　数据区域

MemBank	名　称	用　　　　途
00	Reserved	存储 Kill Password(灭活口令)和 Access Password(访问口令)
01	EPC	存储 EPC 号码
10	TID	存储标签识别号码，每个 TID 号码应该是唯一的
11	User	存储用户定义的数据

* 地址：当选择"保留区"时，范围为 0~3；当选择"EPC 区"时，范围为 2~7；当选择 "User 区"时，范围为 0~31。

* 长度：保留区地址从 0 到 3。EPC 区地址从 2 到 7，单位是 Word(1Word=2 Byte)。

2. 标签读取命令

标签读取命令如表 5.17 所示。

表 5.17 标签读取命令

Packet Type	Length	Command Code	Device Number	MemBank	Addr	Read Length	Checksum
A0	06	80	00	1 byte	1 byte	1 byte	1 byte

- Packet Type：包类型域，命令帧包类型固定为 0xA0。
- Length：包长域，表示 Length 域后帧中字节数。
- Command Code：命令码域，标签读取命令码为 0x80。
- Device Number：设备号域。当设备号为 00 时表示群发。
- MemBank：当前要读取的数据区域。
- Addr：要读取的数据地址。
- Read Length：要读取的数据长度。
- Checksum：校验和域，规定校验范围是从包类型域到 Read Length 为止所有字节的校验和。读写器接收到命令帧后需要计算校验和来检错。

例如，主机发送命令 A0 06 80 00 01 02 01 D6，表示从 0x02 地址开始读取 1 个字(两个 byte)的数据。

【实验步骤】

（1）将实验箱的串口和网线连接到计算机，硬件详细连接如第 1 章的图 1.19 所示。

（2）新建 Qt 的工程，按照实验 1.2 提到的方式完成新建。将"物联网高级实践技术\CODE\第 5 章 射频识别传感网实验\ex32_RFID_IEEE 18000_Read"的文件夹 include、lib 和 rfidWidget 复制到新建工程的目录下，类似第 3 章的图 3.17 所示。

（3）单击工程编辑，在 Qt 工程目录中右击 ex32_RFID_IEEE 18000_Read，在弹出的快捷菜单中选择 Add Existing Files 命令，类似第 3 章的图 3.18 所示。

（4）在弹出对话框中选择添加 rfidWidget 文件夹下的所有文件，单击"打开"按钮，类似第 3 章的图 3.19 所示。

（5）双击工程文件 ex32_RFID_IEEE 18000_Read.pro，在其中添加：

```
LIBS +=-L ./lib\
        -lqextserialport\
INCLUDEPATH += ./include
```

如图 5.23 所示，表示要连接数据库的动态库，且包含其对应头文件。

（6）单击工程编辑图标，进入工程编辑后双击 widget.ui 文件，类似第 3 章的图 3.21 所示。

（7）选中 PushButton 拖动到编辑窗口，双击改名为"显示"，类似第 3 章的图 3.22 所示。

（8）右击"显示"，在弹出的快捷菜单中选择 Go to slot 命令，类似第 3 章的图 3.23 所示。

（9）在弹出的对话框中单击 clicked()，然后单击 OK 按钮，类似第 3 章的图 3.24 所示。

（10）在出现的 widget.cpp 文件对应的行添加代码，如图 5.24 所示。

（11）单击编译选择图标，在弹出的对话框中单击编译选择，在弹出的下拉菜单中选择

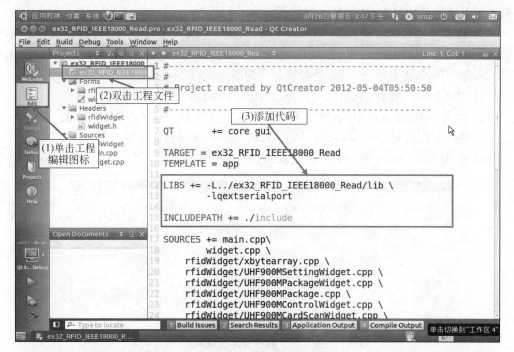

图 5.23　增加编译连接代码

图 5.24　调用接口函数

Qt for A8 Release 选项,类似第 3 章的图 3.26 所示。

　　(12) 单击 Project 选项,在 General 选项框中取消对 Shadow build 复选框的勾选,类似第 3 章的图 3.27 所示。

　　(13) 选择菜单栏中的 Build→Build All 命令编译工程,类似第 3 章的图 3.28 所示。

　　(14) 查看当前系统是否有进程占用端口号 ps|grep CenterControl,使用 kill 1437 命令

结束占用系统资源的进程，类似第 3 章的图 3.29 所示。

（15）将编译生成的文件 ex32_RFID_IEEE 18000_Read 复制到实验箱，详细过程参考实验 1.1，加可执行权限 chmod ＋x ex32_RFID_IEEE 18000_Read，并运行 ./ex32_RFID_IEEE 18000_Read，查看运行结果，类似第 3 章的图 3.30 所示。

（16）单击"显示"按钮，显示刷卡界面，如图 5.16 所示。

（17）单击 Setting 选项卡，如图 5.17 所示，依次选中读卡模式下面的 Single EPC Scan 以及工作模式下面的 C/S Mode，然后单击 Apply Setting 按钮。

（18）单击 Card Read ＆ Write 选项卡，如图 5.25 所示。

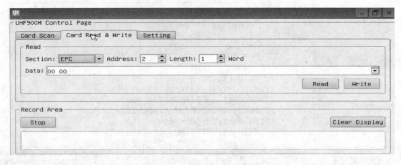

图 5.25　标签读写选项卡

（19）将 900MHz 卡片放置到天线的上方。

（20）单击 Read（读卡）按钮，则读取的数据会显示在 Data 一栏中，如图 5.26 所示。

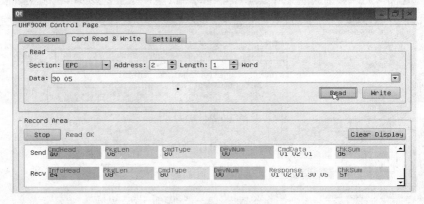

图 5.26　读取数据成功

（21）更改要读取卡的 Section（区号）、Address（地址）以及 Length（长度），观察现象。

（22）对照通信协议查看软件 Record Area（记录）一栏发送和接收的数据。

【范例路径】

本书提供本实验的参考程序，可在清华大学出版社网站下载，路径如下：

物联网高级实践技术\CODE\第 5 章 射频识别传感网实验 \ex32_RFID_IEEE 18000_Read

实验 5.8　IEEE 18000 写入标签数据实验

【实验目的】

（1）了解 900MHz 标签内部数据区域。

（2）熟悉写 900MHz 标签的方法。

【实验设备】

（1）装有 Linux 系统或装有 Linux 虚拟机的计算机一台。

（2）物联网多网技术综合教学开发设计平台一套。

（3）串口线或 USB 线（A-B）一条。

（4）RFID 900MHz 模块一个。

【实验要求】

（1）要求：写入标签数据。

（2）实现功能：编写 Qt 程序测试 900MHz 模块的写入标签数据功能。

（3）实验现象：写入成功后，执行读取标签数据命令，则收到的数据是刚刚写入的数据。

【实验原理】

标签单个字写入命令，如表 5.18 所示。

表 5.18　标签单个字写入命令

Packet Type	Length	Command Code	Device Number	Write Mode	Mem-Bank	Addr	Write Length	D1	D2	Checksum
A0	09	81	00	00	1 byte	1 byte	1 byte	1 byte	1 byte	1 byte

- Packet Type：包类型域，命令帧包类型固定为 0xA0。
- Length：包长域，表示 Length 域后帧中字节数。
- Command Code：命令码域，标签单个字写入命令码为 0x81。
- Device Number：设备号域。当设备号为 00 时表示群发。
- Write Mode：写入模式，0x 00 代表单个字写入。
- MemBank：当前要写入的数据区域。
- Addr：要读取的数据地址。
- Write Length：要读取的数据长度，此处为 0x01。
- D1：写入的第一个字节。
- D2：写入的第二个字节。
- Checksum：校验和域，规定校验范围是从包类型域到 D2 为止所有字节的校验和。

读写器接收到命令帧后需要计算校验和来检错。

例如,主机发送命令:

```
A0 09 81 00 00 01 02 01 12 34 8C
```

写入失败回:

```
(E0 04 81)(00)usercode(05)Status(96)Checksum
```

写入成功回:

```
(E0 04 81)(00)usercode(00)Status(9B)Checksum
```

注意:1 个字为两个 Byte(字节)。

【实验步骤】

(1) 将实验箱的串口和网线连接到计算机,硬件详细连接如第 1 章的图 1.19 所示。

(2) 新建 Qt 的工程,按照实验 1.2 提到的方式完成新建。将“物联网高级实践技术\CODE\第 5 章 射频识别传感网实验 \ex33_RFID_IEEE 18000_Write”的文件夹 include、lib 和 rfidWidget 复制到新建工程的目录下,类似第 3 章的图 3.17 所示。

(3) 单击工程编辑,在 Qt 工程目录中右击 ex33_RFID_IEEE 18000_Write,在弹出的快捷菜单中选择 Add Existing Files 命令,类似第 3 章的图 3.18 所示。

(4) 在弹出对话框中选择添加 rfidWidget 文件夹下的所有文件,单击“打开”按钮,类似第 3 章的图 3.19 所示。

(5) 双击工程文件 ex33_RFID_IEEE 18000_Write.pro,在其中添加:

```
LIBS +=-L ./lib\
            -lqextserialport\
INCLUDEPATH +=./include
```

如图 5.27 所示,表示要连接数据库的动态库,且包含其对应头文件。

(6) 单击工程编辑图标,进入工程编辑后双击 widget.ui 文件,类似第 3 章的图 3.21 所示。

(7) 选中 PushButton 拖动到编辑窗口,双击改名为“显示”,类似第 3 章的图 3.22 所示。

(8) 右击“显示”,在弹出的快捷菜单中选择 Go to slot 命令,类似第 3 章的图 3.23 所示。

(9) 在弹出的对话框中单击 clicked(),然后单击 OK 按钮,类似第 3 章的图 3.24 所示。

(10) 在出现的 widget.cpp 文件对应的行添加代码,如图 5.28 所示。

(11) 单击编译选择图标,在弹出的对话框中单击编译选择,在弹出的下拉菜单中选择 Qt for A8 Release 选项,类似第 3 章的图 3.26 所示。

(12) 单击 Project 选项,在 General 选项框中取消对 Shadow build 复选框的勾选,类似第 3 章的图 3.27 所示。

(13) 选择菜单栏中的 Build→Build All 命令编译工程,类似第 3 章的图 3.28 所示。

(14) 查看当前系统是否有进程占用端口号 ps|grep CenterControl,使用 kill 1437 命令结束占用系统资源的进程,类似第 3 章的图 3.29 所示。

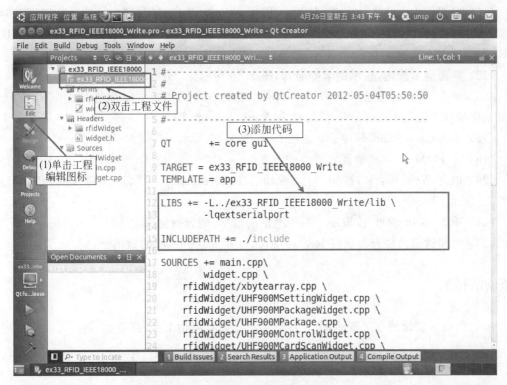

图 5.27　增加编译连接代码

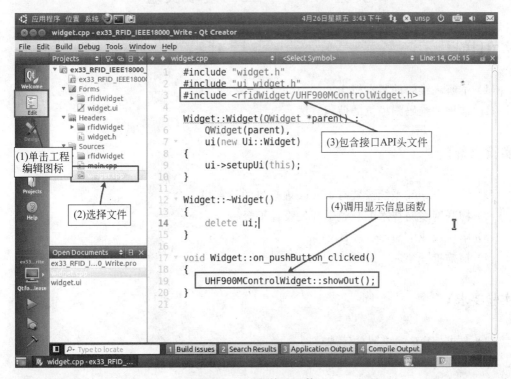

图 5.28　调用接口函数

（15）将编译生成的文件 ex33_RFID_IEEE 18000_Write 复制到实验箱,详细过程参考实验 1.1,加可执行权限 chmod ＋x ex33_RFID_IEEE 18000_Write,并运行./ex33_RFID_IEEE 18000_Write,查看运行结果,类似第 3 章的图 3.30 所示。

（16）单击显示按钮,显示刷卡界面,如图 5.16 所示。

（17）单击 Setting 选项卡,如图 5.17 所示,依次选中读卡模式下面的 Single EPC Scan 以及工作模式下面的 C/S Mode,然后单击 Apply Setting 按钮。

（18）单击 Card Read ＆ Write 选项卡,如图 5.25 所示。

（19）将 900MHz 卡片放置到天线的上方。

（20）单击 Write（写卡）按钮,写入成功后 Record Area 一栏显示"写入成功"。类似图 5.26 所示。

（21）单击 Read 按钮,读取刚才写入地址的数据,则该数据和刚才写入的数据一致。

（22）对照通信协议查看软件 Record Area 一栏发送和接收的数据。

【范例路径】

本书提供本实验的参考程序,可在清华大学出版社网站下载,路径如下：

物联网高级实践技术\CODE\第 5 章 射频识别传感网实验 \ex33_RFID_IEEE 18000_Write

实验 5.9　一维码读取实验

【实验目的】

（1）了解一维码的基本概念。
（2）掌握一维码扫描枪的使用方法。

【实验设备】

（1）装有 Linux 系统或装有 Linux 虚拟机的计算机一台。
（2）物联网多网技术综合教学开发设计平台一套。
（3）串口线或 USB 线（A-B）一条。
（4）扫描枪一个。

【实验要求】

（1）要求：验证一维码的读取。
（2）实现功能：编写 Qt 测试程序测试一维码扫描枪的功能。
（3）实验现象：扫描枪对准一维码,按下按钮后,编写的 Qt 程序显示一维码的数据。

【实验原理】

1. 一维码简介

一维码即常说的条形码,条形码(Barcode)是将宽度不等的多个黑条和空白按照一定的编码规则排列,用以表达一组信息的图形标识符。常见的条形码是由反射率相差很大的黑条(简称“条”)和白条(简称“空”)排成的平行线图案,如图 5.29 所示。条形码可以标出物品的生产国、制造厂家、商品名称、生产日期、图书分类号、邮件起止地点、类别、日期等许多信息,因而在商品流通、图书管理、邮政管理、银行系统等许多领域都得到了广泛的应用。

图 5.29　一维码示例

2. 识别原理

要将按照一定规则编译出来的条形码转换成有意义的信息,需要经历扫描和译码两个过程。物体的颜色是由其反射光的类型决定的,白色物体能反射各种波长的可见光,黑色物体则吸收各种波长的可见光,所以当条形码扫描器光源发出的光在条形码上反射后,反射光照射到条码扫描器内部的光电转换器上,光电转换器根据强弱不同的反射光信号转换成相应的电信号。根据原理的差异,扫描器可以分为光笔、CCD、激光三种。电信号输出到条码扫描器的放大电路增强信号之后,再送到整形电路将模拟信号转换成数字信号。白条、黑条的宽度不同,相应的电信号持续时间长短也不同。然后译码器通过测量脉冲数字电信号 0,1

图 5.30　扫描枪

的数目来判别条和空的数目。通过测量 0,1 信号持续的时间来判别条和空的宽度。此时所得到的数据仍然是杂乱无章的,要知道条形码所包含的信息,则需根据对应的编码规则(例如 EAN-8 码)将条形符号换成相应的数字、字符信息。最后由计算机系统进行数据处理与管理,物品的详细信息便被识别了。

3. 本实验箱配置的扫描枪简介

本扫描枪采用专为条形码扫描而特制的传感器,几乎可以轻松解读所有条码,包括高密度的线性条码以及手机二维码。可读取标准一维、堆叠、二维条码和邮政编码以及特定的 OCR 字符,扫描枪如图 5.30 所示。

【实验步骤】

(1) 将实验箱的串口和网线连接到计算机,连接扫描枪的串口,并 USB 接口,硬件详细连接如图 5.31 所示。

(2) 新建 Qt 的工程,按照实验 1.2 提到的方式完成新建。将“物联网高级实践技术\CODE\第 5 章 射频识别传感网实验\ex34_ScanGun_OneDCode”的文件夹 include、lib 和 rfidWidget 复制到新建工程的目录下,类似第 3 章的图 3.17 所示。

(3) 单击工程编辑,在 Qt 工程目录中右击 ex34_ScanGun_OneDCode,在弹出的快捷菜单中选择 Add Existing Files 命令,类似第 3 章的图 3.18 所示。

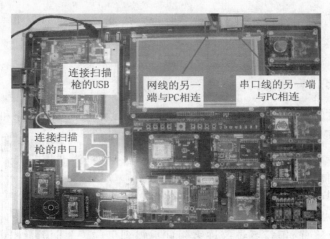

图 5.31　硬件连接

（4）在弹出对话框中选择添加 rfidWidget 文件夹下的所有文件，单击"打开"按钮，类似第 3 章的图 3.19 所示。

（5）双击工程文件 ex34_ScanGun_OneDCode.pro，在其中添加：

```
LIBS +=-L ./lib\
             -lqextserialport\
INCLUDEPATH +=./include
```

如图 5.32 所示，表示要连接数据库的动态库，且包含其对应头文件。

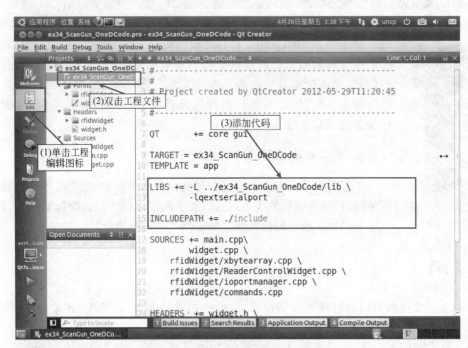

图 5.32　增加编译连接代码

（6）单击工程编辑图标，进入工程编辑后双击 widget.ui 文件，类似第 3 章的图 3.21 所示。

（7）选中 PushButton 拖动到编辑窗口，双击改名为"显示"，类似第 3 章的图 3.22 所示。

（8）右击"显示"，在弹出的快捷菜单中选择 Go to slot 命令，类似第 3 章的图 3.23 所示。

（9）在弹出的对话框中单击 clicked()，然后单击 OK 按钮，类似第 3 章的图 3.24 所示。

（10）在出现的 widget.cpp 文件对应的行添加代码，如图 5.33 所示。

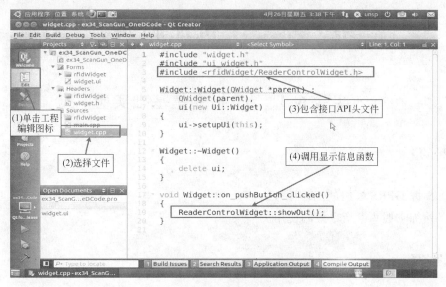

图 5.33　调用接口函数

（11）单击编译选择图标，在弹出的对话框中单击编译选择，在弹出的下拉菜单中选择 Qt for A8 Release 选项，类似第 3 章的图 3.26 所示。

（12）单击 Project 选项，在 General 选项框中取消对 Shadow build 复选框的勾选，类似第 3 章的图 3.27 所示。

（13）选择菜单栏中的 Build→Build All 命令编译工程，类似第 3 章的图 3.28 所示。

（14）查看当前系统是否有进程占用端口号 ps|grep CenterControl，使用 kill 1437 命令结束占用系统资源的进程，类似第 3 章的图 3.29 所示。

（15）将编译生成的文件 ex34_ScanGun_OneDCode 复制到实验箱，详细过程参考实验 1.1，加可执行权限 chmod ＋ x ex34_ScanGun_OneDCode，并运行 ./ex34_ScanGun_OneDCode，查看运行结果，类似第 3 章的图 3.30 所示。

（16）单击显示按钮，显示刷卡界面，扫描枪对准本节实验原理——一维码示例的一维码，然后按下扫描枪的按钮，直到听到"叮"的一声，说明扫描枪检测到有效的数据，如图 5.34 所示。

图 5.34　一维码扫描结果

【范例路径】

本书提供本实验的参考程序，可在清华大学出版社网站下载，路径如下：

物联网高级实践技术\CODE\第 5 章 射频识别传感网实验 \ex34_ScanGun_OneDCode

第6章 手机控制实验

实验6.1 AT指令集基础实验

【实验目的】

(1) 掌握 GPRS 模组的工作原理。

(2) 熟练掌握 AT 指令集的使用。

【实验设备】

(1) 装有 Linux 系统或装有 Linux 虚拟机的计算机一台。

(2) 物联网多网技术综合教学开发设计平台一套。

(3) 串口线或 USB 线(A-B)一条。

(4) 手机 GPRS 模组一个。

(5) SIM 卡两张,手机一部。

【实验要求】

(1) 实现功能:通过串口输入 AT 命令实现拨打电话,挂断电话功能。

(2) 实现现象:通过 AT 命令可以实现拨打和挂断电话。

【实验原理】

1. GPRS 模组的工作原理

GPRS 模组采用 SIM900Z 通信芯片(如图 6.1 所示),利用无线移动网络实现语音传输和点对点数据传输。同时,模组内具备 TCP/IP 协议栈,可以直接利用它实现无线上网。模组使用标准的 UART 串行通信接口与主芯片进行通信,可以与任何带有通用 UART 串行通信接口的控制器进行连接。

该模组具有以下特性:

(1) 支持 EGSM900M、DCS1800M 和 PCS1900M 三种频段,兼容 GSM Phase 2/2+。

(2) 集成 PAP 协议,可供 PPP 连接使用。

(3) 集成 TCP/IP 协议,方便实现上网功能。

(4) 支持包交换广播控制通道(PBCCH)。

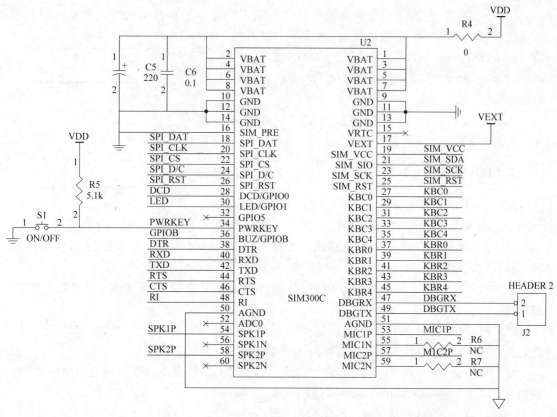

图 6.1　GPRS 模组 SIM300 核心部分电路图

（5）无限制的辅助服务数据支持（USSD）。

GPRS 模组使用标准串口与主控制器进行通信（如图 6.2 所示）。模组带有一个 10 针的接口，该接口可以直接和 MCU 相连接。或者用户可以通过模组上的 RS232 接口和计算机直接相连接使用。

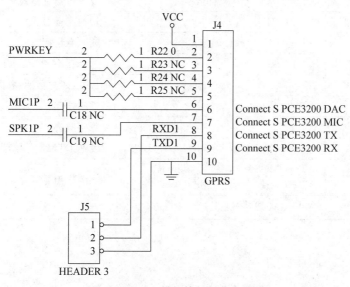

图 6.2　GPRS 模组接口部分电路图

GPRS 模组需通过 J4 的电源开关信号(PWRKEY)输入引脚向 GPRS 模组输入图 6.3 所示的上电时序 GPRS 才能被启动,启动后 GPRS 的信号指示灯会闪烁。也可以手动按下 GPRS 模组上的 ON/OFF 按键,大约 2s 之后松开,GPRS 模组也可以被启动。

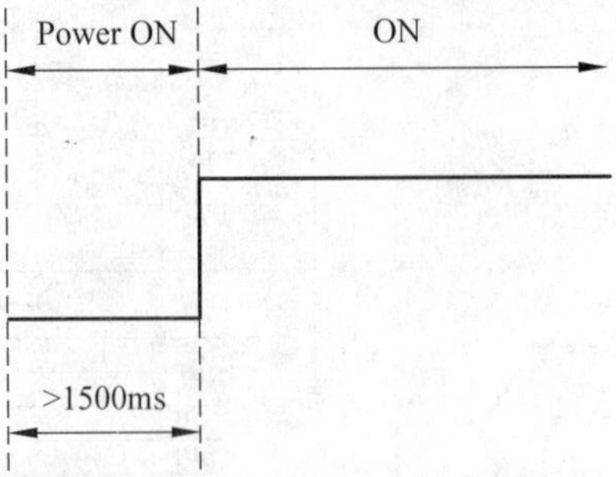

GPRS 模组启动之后,即可通过 UART 接口发送 AT 指令来控制语音或数据收发。

图 6.3 GPRS 模组启动时序图

2. SIM900 的 AT 命令

AT(Attention)命令集是从 TE(Terminal Equipment)或 DTE(Data Terminal Equipment)向 TA(Terminal Adapter)或 DCE(Data Circuit Terminating Equipment)发送的。通过 TA,TE 发送 AT 命令来控制 MS(Mobile Station)的功能,与 GSM 网络业务进行交互。

用户可以通过 AT 命令进行呼叫、短信、电话本、数据业务、补充业务、传真等方面的控制。

SIM300 可设置的 AT 命令包括 GSM07.05、GSM07.07、ITU-T 介绍的 AT 命令。除此之外,SIM300 还支持 SIM 公司扩展的 AT 命令。

每个 AT 命令行必须以 AT 为前缀开始,以\r 结束。AT 命令通常跟随其回应,回应的格式为:\r\n+回应+\r\n。下文中\r 或\r\n 都被省略。

SIM900 常用的 AT 命令如表 6.1 所示。

表 6.1 SIM900 常用 AT 命令

命　令	命令格式	功能描述
AT	AT	测试连接是否正常
AT+CMIC=?	AT+CMIC=<channel>,<gain>	设置 MIC 的通道及增益
AT+CMGF=?	AT+ CMGF =[<mode>]	设置短消息格式
AT+CHFA=?	AT+CHFA=<stat>	切换声音通道
AT+CLVL=?	AT+CLVL=<level>	喇叭音量调节
AT+CSCS=?	AT+CSCS=[<chset>]	选择 TE 字符集
ATD	ATD[<n>][<mgsm>][;]	拨号,建立会话、数据或传真等业务
ATH	ATH[0]	呼叫挂起
ATA	ATA	呼叫应答
AT+VTS=?	AT+VTS=<tone>	发送 DTMF 拨号音
AT+CMGS=?	AT+CMGS= <da> [,<toda>] AT+CMGS= <length>	发送短消息
AT+CMGR=?	AT+CMGR=<index>[,<mode>]	读取短消息

【实验步骤】

(1) 跳线连接到 JP1 端口,表示与计算机连接。插入 SIM 卡,并用串口连接计算机和

GPRS 模组,硬件连接如图 6.4 所示。

图 6.4　AT 指令实验硬件连接

(2) 按 GPRS 模组的 J4 按钮 2s 左右,直到信号灯闪烁,表示启动成功,打开超级终端,连接 GPRS 模组对应的端口,设置波特率为 9600,数据位为 8 位,校验位为无,停止位为 1 位,流控为无,输入 AT 指令 at,返回 OK,连接成功,如图 6.5 所示。

(3) 设置麦克,AT+CMIC=0,15,表示设置麦克为耳机通话,并且音量大小为 15。返回 OK,表示设置成功,如图 6.6 所示。

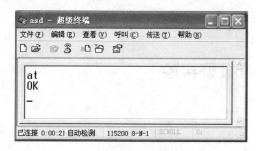

图 6.5　连接 GPRS 模组的串口

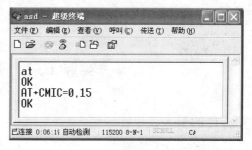

图 6.6　设置麦克

(4) 设置耳机声道 AT+CHFA=1,返回 OK,表示设置成功,如图 6.7 所示。

(5) 设置耳机的音量 AT+CLVL=100,表示音量是 100,如图 6.8 所示。

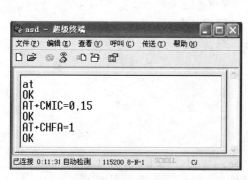

图 6.7　设置声道

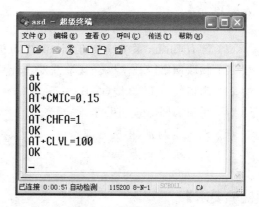

图 6.8　设置耳机音量

(6) 拨打电话号码 112,ATD112,挂断电话 ATH,如图 6.9 所示。

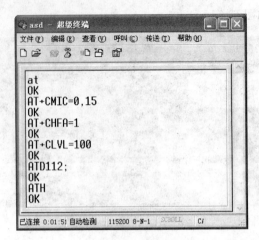

图 6.9　拨打并挂断电话

【范例路径】

本书提供本实验的参考程序,可在清华大学出版社网站下载,路径如下:

物联网高级实践技术\CODE\第 6 章 手机控制实验\ex01_GPRS_AT_Command

实验 6.2　短信报警实验

【实验目的】

(1) 掌握 GPRS 通信的工作原理。

(2) 掌握中央控制器对报警信息的处理。

【实验设备】

(1) 装有 Linux 系统或装有 Linux 虚拟机的计算机一台。

(2) 物联网多网技术综合教学开发设计平台一套。

(3) 串口线或 USB 线(A-B)一条。

(4) 手机 GPRS 模组一个。

(5) SIM 卡两张,手机一部。

(6) 打火机一个。

【实验要求】

(1) 实现功能:编写程序,实现 ZigBee 燃气传感器报警时,发送短信到指定的手机。

(2) 实现现象:当用打火机放出气体时,手机收到"Gas warning!!!"的报警短信。

【实验原理】

1. 原理简介

1) GPRS 模块工作原理

GPRS(General Packet Radio System,通用无线分组业务)是介于第二代和第三代之间的一种技术,通常称为 2.5G。GPRS 采用与 GSM 相同的频段、频带宽度、突发结构、无线调制标准、跳频规则以及相同的 TDMA 帧结构。因此,在 GSM 系统的基础上构建 GPRS 系统时,GSM 系统中的绝大部分部件都不需要做硬件改动,只需做软件升级。有了 GPRS,用户的呼叫建立时间大大缩短,几乎可以做到"永远在线"。此外,GPRS 是以营运商传输的数据量而不是连接时间为基准来计费,从而令每个用户的服务成本更低。

GPRS 是在现有 GSM 系统上发展出来的一种新的数据承载业务,支持 TCP/IP 协议,可以与分组数据网(Internet 等)直接互通。GPRS 是在原有的基于电路交换(CSD)方式的 GSM 网络上引入两个新的网络节点:GPRS 服务支持节点(SGSN)和网关支持节点(GGSN)。SGSN 和 MSC 在同一等级水平,并跟踪单个 MS 的存储单元实现安全功能和接入控制,并通过帧中继连接到基站系统。GGSN 支持与外部分组交换网的互通,并经由基于 IP 的 GPRS 骨干网和 SGSN 连通。

GPRS 模块收发短信是通过 AT 命令控制的,常见的 AT 命令如下:
- AT:测试连接是否正确。
- ATE0/ATE1:关闭回显/打开回显。
- AT+CGMI:得到厂商信息。
- AT+CGMR:得到手机版本号。
- AT+CGSN:得到手机序列号(IMEI)。
- AT+CIMI:得到手机 IMSI 号码。
- AT+CSCS:获取、设置手机当前字符集。可设置为 GSM 或 UCS2。
- AT+CCLK:获取设置手机时钟。
- AT+COPS:网络营运商。
- AT+CSCA:短信中心号码。
- AT+CPMS:选择短信储存地点。可选择 ME(SIM 卡)和 MT(机身)。
- AT+CMGL:列出短信,列出指定状态的短信息的 PDU 代码。
- AT+CMGR:读短信,列出指定序号的短信息的 PDU 代码。
- AT+CMGS:发送短信。
- AT+CMGD:删除指定的短信。
- AT+CMGF:短信格式。分为 Text 模式和 PDU 模式。
- AT+CNMI:设置新短消息通知计算机端。

2) 手机短信报警原理

GPRS 模块与 A8 核心板通过串口连接,当燃气的 ZigBee 节点被气体触发时产生报警,ZigBee 网络将报警信号发送给 A8 核心板,A8 核心板将此报警信号编辑为短信,通过 GPRS 模块发送给已设定的手机用户。

2. 硬件连接

GPRS 模块硬件接口如图 6.10 所示。

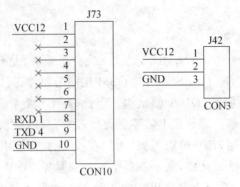

图 6.10　GPRS 模块硬件接口

图 6.10 中 VCC12 为 12V，RXD1 连接中央控制室的 TXD1，TXD1 连接中央控制室的 RXD1。

手机短信报警硬件连接框图如图 6.11 所示。

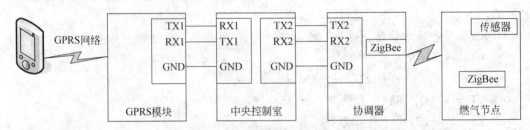

图 6.11　手机短信报警硬件连接框图

3. 软件流程

手机短信报警程序流程图如图 6.12 所示，其中系统初始化为 ARM 系统初始过程。

【API 介绍】

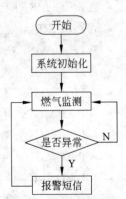

下面介绍短信报警使用的 API 函数：

API 格式：int CCGPRS_MessageSend(const char *
　　　　phone, const char * msg);

功能说明：发送短信。

参数：phone 表示电话号码，msg 表示短信内容。

返回值：成功执行返回 0，失败返回−1。

使用举例：CCGPRS_MessageSend(phoneNumber,
　　　　warnMessage);

图 6.12　手机短信报警
程序流程图

【实验步骤】

（1）GPRS 模组跳线连接到 J5 端口，表示与计算机连接。插入 SIM 卡，将实验箱的串口和网线连接到计算机，硬件连接如第 1 章的图 1.19 所示。

（2）将教材配套实验范例代码中的 ex02_GPRS_Alarm 文件夹复制到虚拟机系统中，如图 6.13 所示。

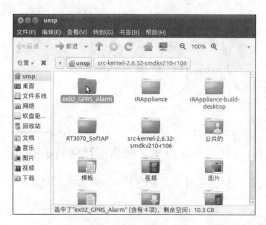

图 6.13　复制文件

（3）打开 ex02_GPRS_Alarm 文件夹下的 ex02_GPRS_Alarm.c 文件，修改 ♯define PHONENUMBER "13001079053"中的手机号码，该号码用来接收报警短信。

（4）在虚拟机中打开一个终端，并进入到 ex02_GPRS_Alarm 文件夹中，然后执行 arm-linux-gcc -o ex02_GPRS_Alarm ex02_GPRS_Alarm.c -Iinclude-Llib-lccgprs-lcccomm-lwsncomm-lpthread 命令编译程序，如图 6.14 所示。

图 6.14　编译程序

- -I：指定头文件的包含路径。
- -L：指定动态库的包含路径。-lccgprs-lcccomm-lwsncomm-lpthread 是说明连接动态库的名称，例如，-lccgprs 表示连接 libccgprs.so 的动态库。

（5）在实验箱上运行命令 killall CenterControl，将实验箱开机自启动的演示程序关闭，避免与实验程序抢夺 GPRS 模组的使用权。

（6）在实验箱上运行命令/Application/NetRFID/ccGprsService &，启动 GPRS 服务程序。

（7）将编译好的程序 ex02_GPRS_Alarm 复制到实验箱并加上可执行权限，并且运行，如图 6.15 所示。

（8）使用打火机在 ZigBee 的燃气节点上释放气体，产生燃气报警。

（9）中央控制器将报警信息以短信形式发送给已设定的用户。

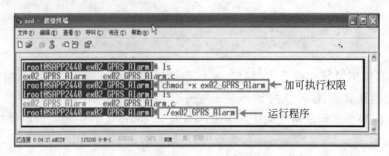

图 6.15　加可执行权限并运行

（10）用户接到报警短信。

注意：短信内容为"Gas Warning!!!"。

【范例路径】

本书提供本实验的参考程序，可在清华大学出版社网站下载，路径如下：

物联网高级实践技术\CODE\第 6 章 手机控制实验\ex02_GPRS_Alarm

实验 6.3　ZigBee 节点手机控制实验

【实验目的】

（1）掌握 GPRS 通信的原理。

（2）掌握手机控制 ZigBee 节点的原理。

【实验设备】

（1）装有 Linux 系统或装有 Linux 虚拟机的计算机一台。

（2）物联网多网技术综合教学开发设计平台一套。

（3）串口线或 USB 线（A-B）一条。

（4）手机 GPRS 模组一个。

（5）SIM 卡两张，手机一部。

【实验要求】

（1）实现功能：编写程序，手机发送指令到 GPRS 模组，可控制 ZigBee 网络的控制节点。

（2）实现现象：用手机发送指令 control XXXX 到 GPRS 模组（其中 XXXX 代表 4 个 0 或 1 的字符，每一个字符对应控制 ZigBee 执行节点的一个继电器，0 字符表示继电器关闭，1 字符表示继电器打开），观察 ZigBee 网络的控制节点灯点亮。

【实验原理】

1. 原理简介

1）GPRS 通信原理

见实验 6.2。

2）短信控制指令格式

通过短信设置 ZigBee 网络的控制节点继电器的开关。

指令格式：

```
control<1|0>:<1|0>:<1|0>:<1|0>
```

<1|0> 必须设置，1 表示打开继电器，0 表示关闭继电器。

注意：指令为 control 0:0:0:1。

3）手机控制执行节点的原理

在嵌入式网关上运行着一个负责与 GPRS 模块通信的后台程序，它提供了相应的接口，允许用户在接收到短信时立即获得该短信内容。

利用这个接口可以获取短信内容，并分析短信所代表的含义。例如，在本实验中从短信中获取到 4 个继电器的开关状态。

执行节点具有 4 个继电器，向执行节点发送一个字节的数据，即可对 4 个继电器的开关状态进行设置，该字节的最低 4 位分别代表了 4 个继电器的开/关。

2. 软件流程

手机控制空调程序流程图如图 6.16 所示，其中系统初始化为 ARM 系统初始过程。

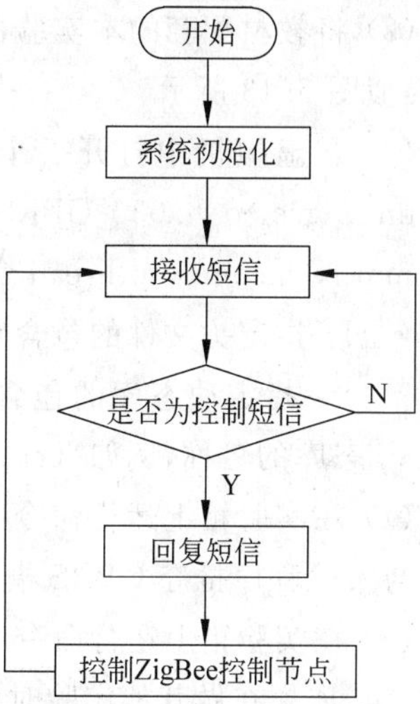

图 6.16　手机控制空调程序流程图

【API 介绍】

下面介绍短信报警使用的 API 函数：

API 格式：int CCGPRS_MessageRegisterAlarm(void (*callback)(TEXTMSG * message, void * arg),void * arg);

功能说明：注册短信函数，用于接收短信。

参数：callback 是注册的回调函数，arg 是保存的参数 。

返回值：成功返回 0，失败返回−1。

使用举例：CCGPRS_MessageRegisterAlarm(callback, NULL);

API 格式：int CCGPRS_MessageSend(const char * phone, const char * msg);

功能说明：发送短信。

参数：phone 表示电话号码，msg 表示短信内容。

返回值：成功执行返回 0，失败返回−1。

使用举例：CCGPRS_MessageSend(phoneNumber, warnMessage);

API 格式：int wsncomm_sendNode_byType(const char * ip, int type, int id, const char * data, int len);

功能说明：向指定功能的节点发送数据。

参数：ip 表示运行有 ZigBee 控制程序的网关的 IP 地址，type 表示节点的类型，例如 DevExecuteB 代表执行节点，id 表示节点的编号，data 表示需要发送的数据，例如当需要控制执行节点时，可以发送 1 个字节的数据，len 表示需要发送数据的长度，例如对执行节点来说，通常数据长度为 1。

返回值：成功执行返回 0，失败返回-1。

使用举例：wsncomm_sendNode_byType("127.0.0.1", DevExecuteB, 0, &value, 1);

【实验步骤】

（1）GPRS 模组跳线连接到 J5 端口，表示与计算机连接。插入 SIM 卡，将实验箱的串口和网线连接到计算机，硬件连接如第 1 章的图 1.19 所示。

（2）将教材配套的本实验的参考代码 ex03_GPRS_Control 文件夹复制到虚拟机系统中，类似图 6.13 所示。

（3）在虚拟机中打开一个终端，并进入到 ex03_GPRS_Control 文件夹中，然后执行 arm-linux-gcc -o ex03_GPRS_Control ex03_GPRS_Control.c -Iinclude-Llib-lccgprs-lcccomm-lwsncomm-lpthread 命令编译程序，如图 6.14 所示。

- -I：指定头文件的包含路径。
- -L：指定动态库的包含路径。-lccgprs-lcccomm-lwsncomm-lpthread 是说明连接动态库的名称，例如-lccgprs 表示连接 libccgprs.so 的动态库。

（4）在实验箱上运行命令 killall CenterControl，将实验箱开机自启动的演示程序关闭，避免与实验程序抢夺 GPRS 模组的使用权。

（5）在实验箱上运行命令/Application/NetRFID/ccGprsService &，启动 GPRS 服务程序（注意，如果在做其他实验时已经执行过该命令，并且嵌入式网关没有重启过，则不需要重复运行该命令）。

（6）将编译程序 ex03_GPRS_Control 加上可执行权限，并且运行，如图 6.15 所示。

（7）发送短信 control 0:1:0:1 到 GPRS 模组对应的手机号上。一段时间后收到回应的短信"Set OK!"，并观察 ZigBee 网络的控制节点，发现其灯的变化。

【范例路径】

本书提供本实验的参考程序，可在清华大学出版社网站下载，路径如下：

物联网高级实践技术\CODE\第 6 章 手机控制实验\ex03_GPRS_Control

实验 6.4　蓝牙数据手机查询实验

【实验目的】

（1）掌握 GPRS 通信的原理。
（2）掌握手机获取蓝牙节点温湿度的原理。

【实验设备】

（1）装有 Linux 系统或装有 Linux 虚拟机的计算机一台。
（2）物联网多网技术综合教学开发设计平台一套。
（3）串口线或 USB 线（A-B）一条。
（4）手机 GPRS 模组一个。
（5）SIM 卡两张，手机一部。

【实验要求】

（1）实现功能：编写程序，手机发送指令到 GPRS 模组，获取蓝牙节点的温度值。
（2）实现现象：用手机发送指令 bluetooth 到 GPRS 模组，收到回送的短信内容为蓝牙模块地址及光照度信息。

【实验原理】

1．原理简介

1）GPRS 通信原理
见实验 6.2。
2）短信控制指令格式
通过短信获取蓝牙节点的数据。
指令格式：

blutooth

3）手机获取蓝牙节点原理
GPRS 模块与中央控制器通过串口连接，用户编写获取蓝牙节点数据的指令，以短信方式通过 GPRS 模块发送给编写程序，编写程序接收到短信后进行解析，将获取到的温度值回送。

2．硬件连接

GPRS 模块硬件接口如图 6.10 所示。

手机控制空调硬件连接框图如图 6.17 所示。

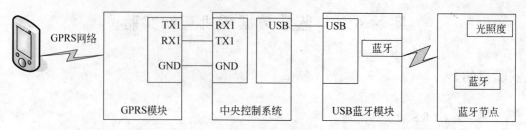

图 6.17　手机控制空调硬件连接框图

3. 软件流程

手机获取蓝牙数据程序流程图如图 6.18 所示,其中系统初始化为 ARM 系统初始过程。

【API 介绍】

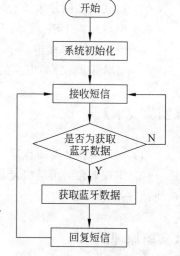

图 6.18　手机获取蓝牙数据
程序流程图

下面介绍短信报警使用的 API 函数:

API 格式:int CCGPRS_MessageRegisterAlarm
　　(void (*callback)(TEXTMSG *
　　message, void *arg), void *arg);

功能说明:注册短信函数,用于接收短信。

参数:callback 是注册的回调函数,arg 是保存的参数。

返回值:成功返回 0,失败返回-1。

使用举例:CCGPRS_MessageRegisterAlarm(callback,
　　NULL);

API 格式:int CCGPRS_MessageSend(const char *
　　phone, const char *msg);

功能说明:发送短信。

参数:phone 表示电话号码,msg 表示短信内容 。

返回值:成功执行返回 0,失败返回-1。

使用举例:CCGPRS_MessageSend(phoneNumber, warnMessage);

API 格式:ccbluetooth_get_illum(char *hwaddr, char *value);

功能说明:获取蓝牙网络节点的光照度信息。

参数:hwaddr 为获取到的硬件地址,value 为光照度值。

返回值:成功执行返回 0,失败返回-1。

使用举例:ccbluetooth_get_illum(hwaddr, value);

【实验步骤】

(1) GPRS 模组跳线连接到 J5 端口,表示与计算机连接。插入 SIM 卡,将实验箱的串口和网线连接到计算机,插入 USB 蓝牙模块,硬件连接如第 1 章的图 1.19 所示。

（2）将教材配套的本实验附带的范例代码 ex04_GPRS_Blue_Data 文件夹复制到虚拟机系统中,如图 6.13 所示。

（3）在虚拟机中打开一个终端,并进入到 ex04_GPRS_Blue_Data 文件夹中,然后执行 arm-linux-gcc -o ex04_GPRS_Blue_Data ex04_GPRS_Blue_Data.c -Iinclude-Llib-lccbluetooth-lccgprs-lcccomm-lpthread 命令编译程序,如图 6.14 所示。

（4）在实验箱上运行命令 killall CenterControl,将实验箱开机自启动的演示程序关闭,避免与实验程序抢夺 GPRS 模组的使用权。

（5）在实验箱上运行命令 /Application/NetRFID/ccGprsService &,启动 GPRS 服务程序(注意,如果在做其他实验时已经执行过该命令,并且嵌入式网关没有重启过,则不需要重复运行该命令)。

（6）参考实验 3.2 配置蓝牙设备。将教材配套的“物联网高级实践技术\CODE\第 6 章 手机控制实验\ex04_GPRS_Blue_Data\depend”的 ccbluetoothService 复制到实验箱中,具体详细过程参见实验 1.1 并运行 ./ccbluetoothService&。

（7）将编译程序 ex04_GPRS_Blue_Data 加上可执行权限,并且运行,如图 6.15 所示。

（8）发送短信 bluetooth 到 GPRS 模组对应的手机号上。一段时间后收到回应的短信 hwaddr:00:00:00:11:22:33 illum:25%。

【范例路径】

本书提供本实验的参考程序,可在清华大学出版社网站下载,路径如下:

物联网高级实践技术\CODE\第 6 章 手机控制实验\ex04_GPRS_Blue_Data

实验 6.5　WiFi 数据手机查询实验

【实验目的】

（1）掌握 GPRS 通信的原理。
（2）掌握手机获取 WiFi 节点的光照度值的原理。

【实验设备】

（1）装有 Linux 系统或装有 Linux 虚拟机的计算机一台。
（2）物联网多网技术综合教学开发设计平台一套。
（3）串口线或 USB 线(A-B)一条。
（4）手机 GPRS 模组一个。
（5）SIM 卡两张,手机一部。

【实验要求】

(1) 实现功能：编写程序，手机发送指令到 GPRS 模组，获取蓝牙节点的温度值。

(2) 实现现象：用手机发送指令 WiFi 到 GPRS 模组，收到回送的短信内容为光照度值。

【实验原理】

1. 原理简介

1）GPRS 通信原理

见实验 6.2。

2）短信控制指令格式

通过短信获取 WiFi 节点的数据。

指令格式：

```
WiFi
```

3）手机获取 WiFi 节点原理

GPRS 模块与中央控制器通过串口连接，用户编写获取 WiFi 节点数据的指令，以短信方式通过 GPRS 模块发送给编写程序，编写程序接收到短信后进行解析，将获取到的光照度值回送。

2. 硬件连接

GPRS 模块硬件接口如图 6.10 所示。

手机控制空调硬件连接框图如图 6.19 所示。

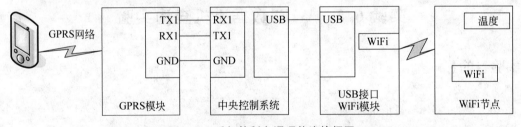

图 6.19　手机控制空调硬件连接框图

3. 软件流程

手机控制空调程序流程图如图 6.20 所示，其中系统初始化为 ARM 系统初始过程。

【API 介绍】

下面介绍短信报警使用的 API 函数：

API 格式：int CCGPRS_MessageRegisterAlarm(void (* callback)(TEXTMSG * message, void * arg), void * arg);

功能说明：注册短信函数，用于接收短信。

参数：callback 是注册的回调函数，arg 是保存的参数。

返回值：成功返回 0，失败返回−1。

使用举例：CCGPRS_MessageRegisterAlarm(callback, NULL);

API 格式：int CCGPRS_MessageSend(const char * phone, const char * msg);

功能说明：发送短信。

参数：phone 表示电话号码，msg 表示短信内容。

返回值：成功执行返回 0，失败返回−1。

使用举例：CCGPRS_MessageSend(phoneNumber, warnMessage);

API 格式：int ccwifi_get_temp(char * hwaddr, char * ipaddr, char * value);

功能说明：获取 WiFi 网络节点的温度信息。

参数：hwaddr 为获取到的硬件地址，ipaddr 为获取到的 IP 地址，value 为温度值。

返回值：成功执行返回 0，失败返回−1。

使用举例：ccwifi_get_temp(hwaddr, ipaddr, value);

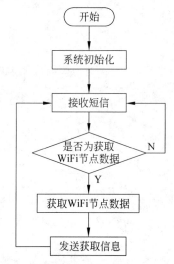

图 6.20　手机控制空调程序流程图

【实验步骤】

（1）GPRS 模组跳线连接到 J5 端口，表示与计算机连接。插入 SIM 卡，将实验箱的串口和网线连接到计算机，插入 USB 接口 WiFi 模块硬件连接如第 1 章的图 1.19 所示。

（2）将教材配套的本实验附带的参考代码 ex05_GPRS_Wifi_Data 文件夹复制到虚拟机系统中，如图 6.13 所示。

（3）在虚拟机中打开一个终端，并进入到 ex05_GPRS_Wifi_Data 文件夹中，然后执行 arm-linux-gcc -o ex05_GPRS_Wifi_Data ex05_GPRS_Wifi_Data.c -Iinclude -Llib -lccwifi -lccgprs -lcccomm -lpthread 命令编译程序，如图 6.14 所示。

（4）在实验箱上运行命令 killall CenterControl，将实验箱开机自启动的演示程序关闭，避免与实验程序抢夺 GPRS 模组的使用权。

（5）在实验箱上运行命令/Application/NetRFID/ccGprsService &，启动 GPRS 服务程序（注意，如果在做其他实验时已经执行过该命令，并且嵌入式网关没有重启过，则不需要重复运行该命令）。

（6）将编译程序 ex05_GPRS_Wifi_Data 加上可执行权限，并且运行，如图 6.15 所示。

（7）发送短信 WiFi 到 GPRS 模组对应的手机号上。一段时间后收到回应的短信 IP is 172.20.223.28 hwaddr is 00：00：00：11：22：33 temperature：30。

【范例路径】

本书提供本实验的参考程序，可在清华大学出版社网站下载，路径如下：

物联网高级实践技术\CODE\第 6 章 手机控制实验\ex05_GPRS_Wifi_Data

第7章 物联网网络通信实验

实验 7.1 Web 服务器开发实验

【实验目的】

（1）了解嵌入式 Web 服务器的特点。

（2）掌握嵌入式 Web 服务器的使用方法。

【实验设备】

（1）装有 Linux 系统或装有 Linux 虚拟机的计算机一台。

（2）物联网多网技术综合教学开发设计平台一套。

（3）串口线或 USB 线（A-B）一条。

【实验要求】

搭建嵌入式 Web 服务器，并编写简单的 HTML 静态网页和 CGI 程序进行测试。该静态页面包含一个用户名文本框和一个密码文本框，以及一个提交按钮。当单击"提交"按钮时，CGI 程序可以获取到两个文本框的内容，并验证用户名和密码是否正确，并输出"登录成功"或"登录失败"的提示信息到浏览器显示。

【实验原理】

1. Web 服务器简介

Web 服务器也称为 WWW（World Wide Web）服务器，主要功能是提供网上信息浏览服务。WWW 是 Internet 的多媒体信息查询工具，是 Internet 上近几年才发展起来的服务，也是发展最快和目前使用最广泛的服务。正是因为有了 WWW 工具，才使得近几年来 Internet 迅速发展，且用户数量飞速增长。

1）什么是 WWW

WWW（World Wide Web，环球信息网）也可以简称为 Web，中文名字为"万维网"。它起源于 1989 年 3 月，是由欧洲量子物理实验室 CERN（the European Laboratory for Particle Physics）所发展出来的主从结构分布式超媒体系统。通过万维网，人们只要通过使用简单的方法，就可以很迅速方便地取得丰富的信息资料。由于用户在通过 Web 浏览器访问信息资源的过程中,无须再关心一些技术性的细节,而且界面非常友好,因而 Web 在 Internet 上一推出就受到了热烈的欢迎,走红全球,并迅速得到了爆炸性的发展。

2) WWW 的发展和特点

长期以来,人们只是通过传统的媒体(如电视、报纸、杂志和广播等)获得信息,但随着计算机网络的发展,人们想要获取信息,已不再满足于传统媒体那种单方面传输和获取的方式,而希望有一种主观的选择性。现在,网络上提供各种类别的数据库系统,如文献期刊、产业信息、气象信息、论文检索等。由于计算机网络的发展,信息的获取变得非常及时、迅速和便捷。

到了 1993 年,WWW 的技术有了突破性的进展,它解决了远程信息服务中的文字显示、数据连接以及图像传递的问题,使得 WWW 成为 Internet 上最为流行的信息传播方式。现在,Web 服务器成为 Internet 上最大的计算机群,Web 文档之多、链接的网络之广令人难以想象。可以说,Web 为 Internet 的普及迈出了开创性的一步,是近年来 Internet 上取得的最激动人心的成就。

WWW 采用的是浏览器/服务器结构,其作用是整理和储存各种 WWW 资源,并响应客户端软件的请求,把客户所需的资源传送到 Windows、MAC OS、UNIX 或 Linux 等平台上。

3) 什么是 Web 服务器

Web 服务器可以解析 HTTP 协议。当 Web 服务器接收到一个 HTTP 请求会返回一个 HTTP 响应,例如送回一个 HTML 页面。为了处理一个请求,Web 服务器可以响应一个静态页面或图片,进行页面跳转,或者把动态响应的产生委托给一些其他的程序,例如 CGI 脚本、JSP(Java Server Pages)脚本、Servlets、ASP(Active Server Pages)脚本、服务器端 JavaScript 或者一些其他的服务器端技术。从而这些程序可以产生一个 HTML 的相应文档来让浏览器可以浏览。这种做法可以大大增强服务器提供给用户的服务的内容,例如数据库检索、留言本、搜索、远程控制等。

2. 常见的服务器软件

1) 大型 Web 服务器

在 UNIX 和 Linux 平台下使用最广泛的免费 HTTP 服务器是 W3C、NCSA 和 APACHE 服务器,而 Windows 平台 NT/2000/2003 使用 IIS 的 Web 服务器。

(1) Microsoft IIS

Microsoft 的 Web 服务器产品为 Internet Information Server (IIS),IIS 是允许在公共 Intranet 或 Internet 上发布信息的 Web 服务器。IIS 是目前最流行的 Web 服务器产品之一,很多著名的网站都是建立在 IIS 的平台上。IIS 提供了一个图形界面的管理工具,称为 Internet 服务管理器,可用于监视配置和控制 Internet 服务。

(2) IBM WebSphere

WebSphere Application Server 是一种功能完善、开放的 Web 应用程序服务器,是 IBM 电子商务计划的核心部分。它是基于 Java 的应用环境,用于建立、部署和管理 Internet 和 Intranet Web 应用程序。这一整套产品进行了扩展,以适应 Web 应用程序服务器的需要,范围从简单到高级直到企业级。

(3) BEA WebLogic

BEA WebLogic Server 是一种多功能、基于标准的 Web 应用服务器,为企业构建自己的应用提供了坚实的基础。各种应用开发、部署所有关键性的任务,无论是集成各种系统和数据库,还是提交服务、跨 Internet 协作,起始点都是 BEA WebLogic Server。由于它具有全面的功能、对开放标准的遵从性、多层架构、支持基于组件的开发,基于 Internet 的企业都选择它来开发、部署最佳的应用。

（4）Apache

Apache 仍然是世界上用得最多的 Web 服务器,市场占有率达 60% 左右。它源于 NCSAhttpd 服务器,当 NCSA WWW 服务器项目停止后,那些使用 NCSA WWW 服务器的人们开始交换用于此服务器的补丁,这也是 Apache 名称的由来（Pache 补丁）。世界上很多著名的网站都是 Apache 的产物,它的成功之处主要在于它的源代码开放、有一支开放的开发队伍、支持跨平台的应用（可以运行在几乎所有的 UNIX、Windows、Linux 系统平台上）以及它的可移植性等方面。同时值得注意的是,在许多嵌入式平台上也使用 Apache 作为 Web 服务器。

（5）Tomcat

Tomcat 是一个开放源代码、运行 Servlet 和 JSP Web 应用软件的基于 Java 的 Web 应用软件容器。Tomcat Server 是根据 Servlet 和 JSP 规范执行的,因此就可以说 Tomcat Server 也实行了 Apache-Jakarta 规范且比绝大多数商业应用软件服务器要好。

2）嵌入式 Web 服务器

嵌入式系统由于其软硬件环境均比不上大型服务器,甚至个人计算机,所以上述大型 Web 服务器通常很难运行在此平台上。同时,嵌入式系统通常提供的 Web 服务相对比较简单,这也决定了会有属于嵌入式系统专用的 Web 服务器。

（1）Lighttpd

Lighttpd 是一个德国人领导的开源软件,其根本目的是提供一个专门针对高性能网站,安全、快速、兼容性好并且灵活的 Web 服务器环境。具有非常低的内存开销,CPU 占用率低,效能好,以及丰富的模块等特点。Lighttpd 是众多开源轻量级的 Web 服务器中较为优秀的一个。支持 FastCGI、CGI、Auth、输出压缩（output compress）、URL 重写、Alias 等重要功能。而 Apache 之所以流行,很大程度也是因为功能丰富,在 Lighttpd 上很多功能都有相应的实现。

（2）thttpd

thttpd 是一个简单、小型、轻便、快速和安全的 HTTP 服务器。它能够支持 HTTP/1.1 协议标准,或者超过了最低水平。具有非常少的运行时间,因为它不与 fork 子进程来接受新请求,并且非常谨慎的分配内存,能够在大部分的类 UNIX 系统上运行,包括 FreeBSD、SunOS 4、Solaris 2、BSD/OS、Linux 和 OSF 等。它的速度要超过主流的 Web 服务器（Apache、NCSA 和 Netscape）,在高负载情况下它要快得多。

thttpd 跟 Lighttpd 类似,适合静态资源类的服务,例如图片、资源文件、静态 HTML 等的应用,性能应该比较好,同时也适合简单的 CGI 应用的场合。

（3）shttpd

shttpd 是另一个轻量级的 Web 服务器,具有比 thttpd 更丰富的功能特性,其具有如下特点:

- 小巧、快速、不膨胀、无须安装、简单的 40KB 的 exe 文件,随意运行。
- 支持 GET、POST、HEAD、PUT 和 DELETE 等方法。

- 支持 CGI、SSL、SSI、MD5 验证、resumed download、aliases 和 inetd 模式运行。
- 标准日志格式。
- 非常简单整洁的嵌入式 API。
- dietlibc friendly. NOT that friendly to the uClibc（＊）。
- 容易定制运行在任意平台：Windows、QNX、RTEMS、UNIX（＊BSD、Solaris、Linux）。

由于 shttpd 可以轻松嵌入其他程序里，因此 shttpd 是较为理想的 Web 服务器开发原形。

（4）BOA

BOA 服务器是一个小巧高效的 Web 服务器，是一个运行于 UNIX 或 Linux 下的，支持 CGI 的、适合于嵌入式系统的单任务的 HTTP 服务器，源代码开放、性能高。

（5）GoAhead

GoAhead 是为嵌入式实时操作系统量身定制的 Web 服务器。它支持 SOAP 客户端（Simple Object Access Protocol，简单对象访问协议）、XML-RPC 客户端、各种 Web 浏览器和单独的 Flash 客户端。同时，它还支持一种类 ASP 的服务器端脚本语言，其语法形式和微软的 ASP 语法基本相同（Active Server Page）。

GoAhead 是跨平台的服务器软件，可以稳定地运行在 Windows、Linux 和 Mac OS X 操作系统之上。并且它是开放源代码的，这意味着可以随意修改 Web 服务器的功能。其主要功能特点如下：

- 很小的内存消耗。
- 支持安全的通信，例如 SSL（安全的套接字层）。
- 支持动态 Web 页面，如 ASP 页面。
- 可以使用传统的 C 语言编程定制 Web 页面里的 HTML 标签。
- 支持 CGI（公共网关编程接口）。
- 嵌入式的 JavaScript 脚本翻译器。
- 独特的 URL 分析器。

（6）BusyBox httpd

BusyBox 是标准 Linux 工具的一个单个可执行实现。BusyBox 包含了一些简单的工具，例如 cat 和 echo，还包含了一些更大、更复杂的工具，例如 grep、find、mount 以及 telnet。有些人将 BusyBox 称为 Linux 工具里的"瑞士军刀"。简单地说，BusyBox 就好像是一个大工具箱，它集成压缩了 Linux 的许多工具和命令。

当然，BusyBox 中也包含了一个轻量级的 Web 服务器——httpd。它支持 HTTP/1.1 协议标准、CGI，具有较小的资源开销。由于目前许多 Linux 嵌入式设备采用 BusyBox 构建自己的命令集，httpd 也就自然在许多场合成为简单的 Web 服务器的首选。

在本书中，以 BusyBox httpd 为基础来介绍网页开发的技术。

3. BusyBox httpd 移植

BusyBox httpd 通常不需要单独移植，其已经包含在 BusyBox 中。只需要在移植 BusyBox 时将 Networking Utilities 下的 httpd 选中即可。由于在开发板中已经附带了 httpd，移植过程这里不再详述。

4. BusyBox httpd 使用

1) 启动/停止服务器

通常,开发板启动之后 httpd 服务器会自动启动。用户可以使用下面的命令来查看服务的运行状态:

```
service httpd status
```

如果 httpd 服务器正在运行,可以看到形如"httpd(pid 509)is running…"的提示,pid 后面的数字为 httpd 服务器当前运行的进程编号,实际观察到的可能会有所不同。

如果 httpd 服务器没有运行,可以看到 httpd is stopped 的提示。

手工启动 httpd 服务器的命令为:

```
service httpd start
```

手工停止 httpd 服务器的命令为:

```
service httpd stop
```

重启 httpd 服务器的命令为:

```
service httpd restart
```

2) 服务器配置

httpd 服务器可以通过修改/etc/httpd.conf 文件来进行配置。配置文件中的每一行通常表示一个配置项,以"♯"开头直至行尾的文字为注释。通常一行字符串中间以冒号作为分隔符,将配置项分为至少两部分,例如:

```
H: /etc/www
```

其中,第一部分为配置命令,第二部分(包括第二部分之后的所有部分)为配置参数。表 7.1 列出了 BusyBox httpd 常见的配置命令。

表 7.1　BusyBox httpd 常见配置命令

配置命令	说　明	范　例
H	指定 Web 文档存放的根目录	H:/root/www♯指定/root/www 为文档根目录
A	指定允许访问的地址。在配置文件中允许使用多个 A 命令	A:172.20.♯允许 172.20.0.0/16 访问 A:10.0.0.0/25♯允许 10.0.0.0~10.0.0.127 访问
D	指定禁止访问的地址。在配置文件中允许使用多个 D 命令	D:*♯禁止所有除 A 规定的地址访问
	允许/禁止访问的规则: • 默认允许所有地址访问网站(即默认存在 A:* 命令) • 禁止规则优先于允许规则 • 禁止所有(D:*)命令将被最后处理	
E404	指定 404 错误时显示的页面	E404:/path/e404.html
I	指定默认首页的文件名。当浏览器试图访问一个目录时,默认首页将被显示	I:index.html

配置命令	说　　明	范　　例
P	设置代理映射	P:/url:[http://]hostname[:port]/new/path ＃ 当访问/url 时,以代理方式访问 http:// hostname:port/new/path 路径
/xxx	以/开头的配置命令用来为某个目录指定特定的用户来存取目录内容	/cgi-bin:foo:bar ＃ 使用用户 foo,密码 bar 来访问/cgi-bin/adm: admin:setup ＃ 使用用户 admin,密码 setup 来访问/adm
.xxx	以.开头的配置命令用来为某个扩展名指定特定的 Mime-Type	.au:audio/basic＃ 为.au 文件指定 Mime-Type
*.xxx	以 *.开头的配置命令用来为某个扩展名的文件指定翻译程序	*.php:/usr/bin/php ＃ 使用/usr/bin/php 程序处理.php 文件

3）访问静态网页

用户可以将静态网页或图像、浏览器脚本等静态内容存储在 httpd.conf 配置文件中指定的 Web 文档的根目录（默认为 www）中,访问的方法与其他 Web 服务器一样,可以在浏览器的地址栏中通过开发板的 IP 地址加上文件相对于根目录的路径作为 URL 地址来访问。例如,将一个名为 test.html 的文件存储在 www/hello 文件夹中,则在浏览器中可以使用:

```
http://xxx.xxx.xxx.xxx/hello/test.html
```

来访问它。其中,xxx.xxx.xxx.xxx 为开发板的 IP 地址。

4）使用 CGI 程序实现动态网页

CGI(Common Gateway Interface,通用网关接口)在物理上是一段程序,运行在服务器上,提供同客户端 HTML 页面的接口。这个程序可以是一段 shell 脚本或者 Perl 脚本,也可以是用 C、C++ 甚至 Java 来编写的可执行程序。

通常 CGI 程序用来接收客户端浏览器传递过来的信息,比如表单数据等,然后执行一些运算,甚至是对硬件执行控制动作,然后返回标准的 HTML、CSS、XML 甚至图像等规范的文档给浏览器显示。

一个完整的处理信息的流程如下:

(1) 通过 Internet 把用户请求送到服务器（由浏览器来完成）。

(2) 服务器接收用户请求并交给 CGI 程序来处理（由 httpd 来完成）。

(3) CGI 程序接收这些信息,并执行一定的处理动作,并把结果传送给服务器（由 CGI 程序来完成）。

(4) 服务器把结果送回给用户（由 httpd 来完成）。

BusyBox httpd 服务器支持 CGI,所有被放置在 Web 文档/cgi-bin/目录（即开发板的/etc/www/cgi-bin/目录）下的文件都将被认为是 CGI 程序。

原则上,CGI 程序可以使用任意语言编写,只要这种语言具有标准输入、输出和环境变量。在本书中,将以 Linux 平台下的 C 语言为例来叙述 CGI 程序的基本开发方法。

一个 CGI 程序执行的过程通常包括三个步骤:获取表单数据、处理表单数据和返回处理结果。

（1）获取表单数据。

CGI 程序通过两种方式来获取浏览器发送过来的表单数据：QUERY_STRING 环境变量和标准输入。两种方式分别对应于浏览器的 GET 和 POST 两种提交表单的方式。

当浏览器使用 GET 方式来提交表单时，CGI 程序必须通过 QUERY_STRING 环境变量来获取表单内容。例如，按照本实验的实验要求，可以编写一个如下的网页：

```
<HTML>
    <HEAD>
        <META http-equiv="content-type" content="text/html; charset=utf-8"/>
        <TITLE>Test Page</TITLE>
    </HEAD>
    <BODY>
        <FORM action="/cgi-bin/test.cgi" method="get">
            Username:<input type="text" name="username"><br/>
            Password:<input type="password" name="password"><br/>
            <input type="submit" name="Submit" value="提交">
        </FORM>
    </BODY>
</HTML>
```

网页中包含一个表单，该表单的 action 指向/cgibin/test.cgi，它是一个 CGI 程序。表单中包含两个文本框，分别名为 username 和 password，还包含一个提交按钮，名为 Submit。

假设在两个文本框中分别输入 root 和 111111，当单击提交时，test.cgi 可以通过下面的代码获取到表单内容：

```
const char * query=getenv("QUERY_STRING");    //获取 GET 方式提交的表单内容
//这里，query 字符串应该等于"username=root&password=111111&Submit=提交"
```

其中，getenv()用来获取环境变量。QUERY_STRING 环境变量中则包含了所有表单的内容。

当浏览器使用 POST 方式提交表单时，CGI 程序必须通过标准输入获取表单内容，同时可以通过 CONTENT_LENGTH 环境变量来获取到表单内容的大小。例如，将上面网页中的 method＝"get"修改为 method＝"post"，那么 test.cgi 的程序需要变为：

```
const char * slen=getenv("CONTENT_LENGTH");    //获取 POST 方式提交的表单内容大小
int len=atoi(slen);                            //将字符串形式的长度转换为整数
char * query=(char *)malloc(len +1);           //分配空间，用来保存表单内容
memset(query, 0, len +1);                       //将分配到的空间的内容清空
read(0, query, len);                            //读取表单内容
//这里，query 字符串应该等于"username=root&password=111111&Submit=提交"
```

其中，read()用来读取文件中的数据，它包含三个参数：第一个参数表示文件序号，0 即为标准输入文件；第二个参数为保存读取到的数据的缓冲区；第三个参数为读取的长度。

（2）处理表单数据。

无论使用 GET 或 POST 两种方式的哪一种，一旦表单内容被 CGI 获取到之后即可开始进一步的处理。这一步依据不同的功能而定。例如，在本实验中可以通过对比用户名和密码来判断是否登录成功，代码如下：

191

```
    const char * result;                          //定义一个字符串指针,用来保存结果
    char username[100], password[100];
    sscanf(query, "username=%[^&]&password=%[^&]", username, password);
                                                  //从 query 表单内容中分离 username 和 password
    if((strcmp(username, "root")==0)
        &&(strcmp(password, "111111")==0))
        result="Login OK";                        //登录成功
    else
        result="Login Failed";                    //登录失败
```

（3）返回处理结果。

对于 CGI 程序来说,所有写入标准输出的内容都被认为是需要返回给浏览器的信息。所以,可以使用 write()、fwrite()、printf()、fprintf()等函数来向浏览器返回处理结果。

值得注意的是,CGI 程序中返回任何信息之前都必须先输出一行带有 Content-Type：的信息,并且其后紧跟一个空行,用来指定返回的信息的格式。常见的输出方式有：

```
    printf("Content-Type:text/html\r\n\r\n");     //表示返回一个标准的 HTML 文档
    printf("Content-Type:text/xml\r\n\r\n");      //表示返回一个标准的 XML 文档
```

接下来,CGI 程序便可以输出任何希望在浏览器中显示的内容。例如,在本实验中可以将登录验证的判断结果直接输出到浏览器显示：

```
    printf("<h1>%s</h1>\n", result);              //用 H1 标题样式输出登录结果
```

最后,CGI 程序经过交叉编译器的编译,便可以将产生的可执行程序放入开发板的 /etc/www/cgi-bin/目录下,该 CGI 程序便可以由浏览器中的表单来调用。

至此,一个基本的 CGI 程序的开发即可完成。

【实验步骤】

（1）将实验箱的串口和网线连接到计算机,硬件详细连接如第 1 章的图 1.19 所示。

（2）按照实验原理的描述编写测试网页,并命名为 test.html。

（3）按照实验原理的描述编写 CGI 程序,并命名为 test.c,内容如下：

```
#include<stdio.h>
#include<stdlib.h>                                //getenv()
#include<string.h>

int main(int argc, char * argv[])
{
    printf("Content-Type:text/html\r\n\r\n");
    const char * query=getenv("QUERY_STRING");    //获取 GET 方式提交的表单内容
    //这里,query 字符串应该等于"username=root&password=111111&Submit=提交"

    const char * result;                          //定义一个字符串指针,用来保存结果
    char username[100], password[100];
    sscanf(query, "username=%[^&]&password=%[^&]", username, password);
                                                  //从 query 表单内容中分离 username 和 password
```

```
if((strcmp(username, "root")==0)
    &&(strcmp(password, "111111")==0))
    result="Login OK";                    //登录成功
else
    result="Login Failed";                //登录失败

    printf("<h1>%s</h1>\n", result);       //用 H1 标题样式输出登录结果
    return 0;
}
```

（4）在 Linux 下使用下面的命令编译 CGI 程序，生成 test.cgi 文件。

```
arm-linux-gcc -o test.cgi test.c
```

（5）将编写的 test.html 文件复制到开发板的 www 目录下。

（6）将生成的 test.cgi 复制到开发板的 www/cgi-bin 目录下。

（7）在开发板上执行下面的命令，以便使 CGI 程序具备可执行权限。

```
chmod a+x /root/www/cgi-bin/test.cgi
```

（8）在开发板上执行 ifconfig eth0 命令，获取到开发板的 IP 地址。

```
[root@SAPP2440 /root]# ifconfig eth0
eth0      Link encap:Ethernet  HWaddr 00:53:50:00:77:58
          inet addr:172.20.223.120  Bcast:172.20.223.255  Mask:255.255.255.0
          UP BROADCAST RUNNING MULTICAST  MTU:1500  Metric:1
          RX packets:4821 errors:0 dropped:0 overruns:0 frame:0
          TX packets:529 errors:0 dropped:0 overruns:0 carrier:0
          collisions:0 txqueuelen:1000
          RX bytes:536181 (523.6 KiB)  TX bytes:70629 (68.9 KiB)
          Interrupt:51 Base address:0xc000
```

（9）在计算机上打开浏览器，在地址栏中输入"http://开发板 IP 地址/test.html"，如图 7.1 所示。

（10）在图 7.1 的 Username 和 Password 文本框内分别输入 root 和 111111，单击"提交"按钮进行测试，就得到图 7.2 所示的测试结果。

图 7.1　实验演示图

图 7.2　实验测试结果图

【范例路径】

本书提供本实验的参考程序，可在清华大学出版社网站下载，路径如下：

物联网高级实践技术\CODE\第 7 章 物联网网络通信实验\ex01_Web_Server

实验 7.2　通过网络获取 ZigBee 网络拓扑结构实验

【实验目的】

（1）了解实验箱网关系统中的 CGI 程序接口。
（2）了解实验箱网关系统中的 JavaScript 调用封装接口。
（3）掌握 ZigBee 网络拓扑结构显示的 CGI 接口的调用方法。

【实验设备】

（1）装有 VMware 虚拟 Linux 环境的计算机一台。
（2）物联网多网技术综合教学开发设计平台一套。

【实验要求】

设计并编写用来显示 ZigBee 网络拓扑结构的网页，并调用 CGI 接口来获取并显示这个拓扑结构。

【实验原理】

嵌入式网关通过与协调器的通信，实时检测 ZigBee 网络中各个节点的信息，并可以通过 TCP/IP 协议为其他程序提供对这些信息的存取。为了方便用户对这些信息的检索，实验箱除了提供 Qt 下的访问接口的封装函数之外，还提供了一套利用 CGI 程序通过浏览器来访问这些程序的封装接口。这些接口包括 topology. cgi、node. cgi 和 send_node. cgi 等，分别用来对 ZigBee 网络的拓扑结构进行检索、获取某个特定节点的信息以及进行操作。

在本实验中，主要利用 topology. cgi 接口来获取拓扑结构，所以重点对 topology. cgi 进行介绍。

topology. cgi 提供了对 ZigBee 网络的拓扑结构的查询功能。这个接口不需要任何参数，它可以：

（1）通过 GET 方式来调用，并返回一个 JSON 对象，其中包含了 ZigBee 网络中所有节点的信息以及用来绘制拓扑图的坐标信息。

（2）通过 GET 方式来调用，并返回一个 JSONP 对象，配合 jQuery 可以实现跨域访问 ZigBee 网络的拓扑结构。

topology. cgi 接口通常的调用地址为"http://实验箱 IP 地址/cgi-bin/topology. cgi"，其返回的 JSON/JSONP 对象的定义如下：

```
callback_name(
{
    "w":140,                          //w表示拓扑图需要的最小宽度
```

```
        "h":180,                          //h 表示拓扑图需要的最小高度
        "lines":[                         //lines 是数组,其包含拓扑图中连接线的尺寸
            {                             //每一条连接线包含了 p1 和 p2 两个成员
                "p1":{"x":0,"y":0},       //p1 成员表示连接线的起始坐标
                "p2":{"x":0,"y":0}        //p2 成员表示连接线的终止坐标
            },
                ⋮                         //根据拓扑图的不同,连接线的数量不同
        ],
        "nodes":[                         //nodes 是数组,其中包含了所有节点信息
            {                             //每一个节点包含了下面几个成员
                "type":"Coordinator",     //type 表示节点类型,可选值有:
                                          //Coordinator,表示协调器
                                          //Router,表示路由
                                          //Device,表示终端节点
                "position":{              //position 表示节点在拓扑图中的坐标
                    "x":40,"y":0,"w":60,"h":60
                },
                "address":0000,           //address 表示节点的短地址
                "title":"协调器"          //title 表示节点具备的功能
            },
                ⋮
        ]
    }
)
```

其中,黑色带下划线粗斜体的部分是当使用 JSONP 调用 topology.cgi 接口时,比 JSON 方式调用时多出的内容。

在 Web 页面中,使用 JavaScript 可以非常方便地解析上面的 JSON/JSONP 对象。以 jQuery 为例,在不跨域时通过 GET 方式调用它的方法如下:

```
$.ajax({
    cache: false,
    async:true,
    url: "/cgi-bin/topology.cgi",
    dataType: 'json',
    timeout: 4000,
    success: function(json){
        //这里的 json 参数即为获取到的拓扑结构 JSON 对象
        //可以直接通过例如 json.w 的方式访问其中的成员
    },
    error: function(xhr){
        //请求出错
    }
});
```

在获取到 json 对象后,即可非常方便地获得 ZigBee 网络中的节点信息,或者利用其中的连接线和节点坐标等信息来绘制拓扑图。

为了简化绘制拓扑图的操作,实验箱还提供了一个名为 nodeman.js 的 JavaScript 脚本,配合 jQuery.js 和 j2D.js,可以利用任意的 iframe 做为画布绘制拓扑图。

nodeman.js 脚本中提供了一个名为 loadJsonTopology 的函数,其定义如下:

函数原型:function loadJsonTopology(uri,data,doc,clicked)

功能:加载拓扑结构并绘制在指定的 iframe 画布上。

参数:

- uri:topology.cgi 调用地址,例如 http://172.20.223.188/cgi-bin/topology.cgi。
- data:传递给 topology.cgi 调用接口的数据,通常为 null。
- doc:用来绘制拓扑图的 iframe 的 id 号。
- clicked:当节点被单击时需要执行的 JavaScript 函数。

返回值:无。

备注:调用本函数需要首先包含 js/jquery.js、js/j2D.js 和 js/nodeman.js,同时还需要 images 文件夹中的图片作为绘制拓扑图节点的底图。

使用 loadJsonTopology 函数绘制拓扑图的示例网页如下:

```html
<HTML>
    <HEAD>
        <meta http-equiv="content-type" content="text/html; charset=utf-8" />
        <script language="javascript" type="text/javascript" src="js/jquery.js"
        charset="utf-8">
        </script>
        <script language=" javascript" type ="text/javascript" src ="js/j2D.js"
        charset="utf-8">
        </script>
        <script language="javascript" type="text/javascript" src="js/nodeman.js"
        charset="utf-8">
        </script>
        <script language="javascript">
            function updateFunc(){
                loadJsonTopology(
                        "http://172.20.223.188/cgi-bin/topology.cgi",
                        null,topology_area);
            }
        </script>
        <TITLE>Topology Test Page</TITLE>
    </HEAD>
    <BODY>
    <iframe id="topology_area" width="500" height="300"></iframe>
    <br />
    <input type="button" id="refresh" value="点击更新" onClick="updateFunc();">
    </BODY>
</HTML>
```

其中,带下划线部分为实验箱的 IP 地址。或者,如果 html 文件也存放在实验箱上,loadJsonTopology 函数的第一个参数可以直接写为"/cgi-bin/topology.cgi"。

【实验步骤】

（1）将实验箱的串口和网线连接到计算机，硬件详细连接如第 1 章的图 1.19 所示。

（2）连接计算机与实验箱，硬件连接参考实验 7.1。

（3）按照本实验后面的范例路径找到本实验附带的范例代码中的"CGI 程序源码 \topology"，并按照实验 1.1 中的方法将 topology 文件夹复制到 Ubuntu 系统中。

（4）在虚拟机中打开一个终端，并通过 cd 命令进入到 topology 文件夹，然后运行下面的命令编译 topology.cgi 接口 CGI 程序。

```
arm-linux-gcc -I. topology.c -o topology.cgi -L. -lwsncomm -lpthread
```

（5）按照实验 1.1 下载程序的方法将编译生成的 topology.cgi 文件下载到实验箱，并放置在/root/www/cgi-bin/文件夹下。

（6）按照同样的方法，将教材配套的范例代码中的 www 文件夹内的所有内容也复制到实验箱，并放置在/root/www/文件夹下。

（7）在超级终端中使用 ifconfig 命令查看开发板的 IP 地址，例如图 7.3 所示的返回结果，表示开发板的 IP 地址为 172.20.223.188。

```
[root@SAPP210 /root]# ifconfig
eth0      Link encap:Ethernet   HWaddr 00:53:50:00:14:56
          inet addr:172.20.223.188  Bcast:172.20.223.255  Mask:255.255.255.0
          UP BROADCAST RUNNING MULTICAST  MTU:1500  Metric:1
          RX packets:2723901 errors:0 dropped:0 overruns:0 frame:0
          TX packets:2517438 errors:0 dropped:0 overruns:0 carrier:0
          collisions:0 txqueuelen:1000
          RX bytes:184015484 (175.4 MiB)  TX bytes:219195824 (209.0 MiB)
          Interrupt:41 Base address:0x4000
```

图 7.3　查看 IP 地址配置

（8）在超级终端中执行下面的命令为 topology.cgi 添加可执行权限。

```
chmod +x /root/www/cgi-bin/topology.cgi
```

（9）在 Windows 系统中打开一个浏览器，并在地址栏中输入"http://实验箱 IP 地址/topology.html"，并按 Enter 键，如图 7.4 所示。

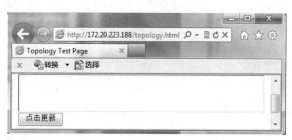

图 7.4　使用浏览器测试拓扑图

（10）单击网页中的"点击更新"按钮，即可查看或刷新拓扑图，如图 7.5 所示。

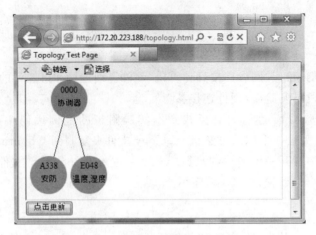

图 7.5 使用浏览器测试拓扑图

【范例路径】

本书提供本实验的参考程序,可在清华大学出版社网站下载,路径如下:

物联网高级实践技术\CODE\第 7 章 物联网网络通信实验\ex02_ZigBee_Topology

实验 7.3 通过网络获取传感器信息并显示实验

【实验目的】

(1) 了解实验箱网关系统中的 CGI 程序接口。
(2) 了解实验箱网关系统中的 JavaScript 调用封装接口。
(3) 掌握 ZigBee 网络显示节点信息的 CGI 接口的调用方法。

【实验设备】

(1) 装有 Ubuntu 系统或装有 Ubuntu 虚拟机的计算机一台。
(2) 物联网开发设计平台一套。

【实验要求】

设计并编写用来显示节点信息的网页,并在单击拓扑图中的节点时显示该节点的信息。

【实验原理】

实验箱提供了一个名为 node.cgi 的 CGI 接口程序来为用户提供获取某个指定节点的

详细信息的功能。这个接口可以通过 GET 方式调用,并传递下面的参数:

addr=待查询节点的短地址(十六进制)

node.cgi 将返回一个 JSON 或 JSONP 对象,其定义如下:

```
callback_name(
[                                          //返回的对象是一个数组
    {
        "nwkAddr": "0000",                 //节点的短地址
        "parAddr": "FFFF",                 //父节点的短地址
        "macAddr":"0011223344556677",      //节点的长地址
        "funcList": [                      //功能列表,是一个数组
            {
                "typeCode":241,            //功能编码
                "type":"协调器",            //功能名称
                "id": 0,                   //功能编号
                "cycle": 0,                //刷新周期
                "data": "00"               //节点数据
            }
            ...                            //若干功能
        ]
    }
    :                                      //若干节点
] }
)
```

其中,带下划线粗斜体的部分是当使用 JSONP 调用 node.cgi 接口时,比 JSON 方式调用时多出的内容。

在 Web 页面中使用 JavaScript 可以非常方便地解析上面的 JSON/JSONP 对象。以 jQuery 为例,在不跨域时通过 GET 方式调用它的方法如下:

```
var qdata={ addr: "0000" };              //待查询的节点地址
$.ajax({
    cache: false,
    async:true,
    url: "/cgi-bin/node.cgi",
    data: qdata,
    dataType: 'json',
    timeout: 4000,
    success: function(json){
        //这里的 json 参数即为获取到的节点信息 JSON 对象
        //可以直接通过例如 json[0].nwkAddr 的方式访问其中的成员
    },
    error: function(xhr){
        //请求出错
```

```
    }
  });
```

在获取到 json 对象后,即可非常方便地获得节点信息,并在需要的时候显示这些信息。

为了简化显示节点信息的操作,实验箱还提供了一个名为 nodeman.js 的 JavaScript 脚本,配合 jQuery.js,可以利用任意的 div 作为画布显示表格化的节点信息。

nodeman.js 脚本中提供了一个名为 loadJsonNodeInfo 的函数,其定义如下:

函数原型:function loadJsonNodeInfo(uri,addr,doc)

功能:加载指定节点的信息并显示在指定的 div 上。

参数:

- uri:node.cgi 调用地址,例如"http://172.20.223.188/cgi-bin/node.cgi"。
- addr:待查询的节点的短地址。
- doc:用来绘制拓扑图的 div 的 id 号。

返回值:无。

备注:调用本函数需要首先包含 js/jquery.js 和 js/nodeman.js。

使用 loadJsonNodeInfo 函数显示节点信息的示例网页如下:

```html
<HTML>
  <HEAD>
    <meta http-equiv="content-type" content="text/html; charset=utf-8" />
    <script language="javascript" type="text/javascript" src="js/jquery.js"
    charset="utf-8">
    </script>
    <script language="javascript" type="text/javascript" src="js/nodeman.js"
    charset="utf-8">
    </script>
    <script language="javascript">
        function onUpdateNodeInfo(){
            loadJsonNodeInfo("/cgi-bin/node.cgi",node_addr.value,node_area);
        }
    </script>
  </HEAD>
  <BODY>
    <div id="node_area" width=500 height=300></div>
    <br />
    <input type="text" id="node_addr" />
    <input type="button" id="refresh" value="点击获取" onClick=
    "onUpdateNodeInfo()" />
  </BODY>
</HTML>
```

【实验步骤】

(1) 按照实验 1.1 中的方法将计算机与嵌入式网关连接好。

(2) 按照本实验后面的范例路径找到本实验附带的范例代码中的“CGI 程序源码\node”，并按照实验 1.1 中的“从 Windows 系统复制文件到 Ubuntu 系统”的方法将 node 文件夹复制到 Ubuntu 系统中。

(3) 在虚拟机中打开一个终端，并通过 cd 命令进入到 node 文件夹，然后运行下面的命令编译 node.cgi 接口 CGI 程序。

```
arm-linux-gcc -I. node.c -o node.cgi -L. -lwsncomm -lpthread
```

(4) 按照实验 1.1 中下载程序的方法将编译生成的 node.cgi 文件下载到实验箱，并放置在/root/www/cgi-bin/文件夹下。

(5) 按照同样的方法将范例代码中的 www 文件夹内的所有内容也复制到实验箱，并放置在/root/www/文件夹下。

(6) 在超级终端中使用 ifconfig 命令查看开发板的 IP 地址，例如图 7.6 所示的返回结果，表示开发板的 IP 地址为 172.20.223.188。

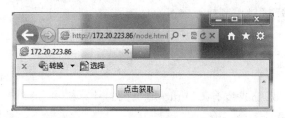

[root@SAPP210 /root]# ifconfig
eth0   Link encap:Ethernet HWaddr 00:53:50:00:14:56
inet addr:172.20.223.188 Bcast:172.20.223.255 Mask:255.255.255.0
UP BROADCAST RUNNING MULTICAST MTU:1500 Metric:1
RX packets:2723901 errors:0 dropped:0 overruns:0 frame:0
TX packets:2517438 errors:0 dropped:0 overruns:0 carrier:0
collisions:0 txqueuelen:1000
RX bytes:184015484 (175.4 MiB) TX bytes:219195824 (209.0 MiB)
Interrupt:41 Base address:0x4000

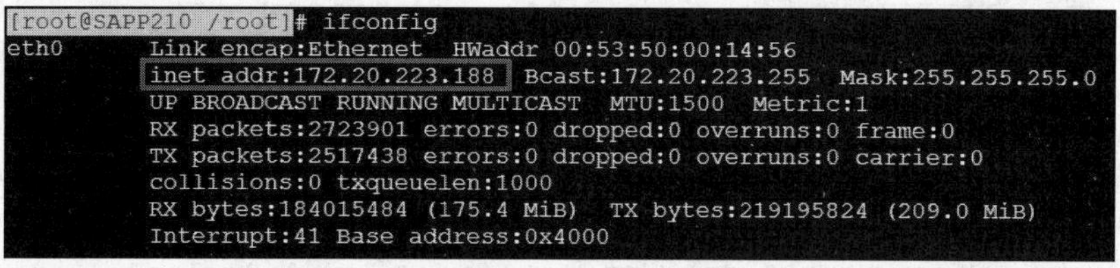

图 7.6　查看 IP 地址配置

(7) 在超级终端中执行下面的命令为 node.cgi 添加可执行权限。

```
chmod +x /root/www/cgi-bin/node.cgi
```

(8) 在 Windows 系统中打开一个浏览器，并在地址栏中输入“http://实验箱 IP 地址/node.html”，并按 Enter 键，如图 7.7 所示。

http://172.20.223.86/node.html
172.20.223.86
转换
选择
点击获取

图 7.7　使用浏览器测试节点信息显示

(9) 在文本框中填写需要查询的节点的短地址，单击“点击获取”按钮，即可查看到节点的详细信息，如图 7.8 所示。或者，文本框为空时，单击“点击获取”按钮可以查看所有当前在线的节点，如图 7.9 所示。

【范例路径】

本书提供本实验的参考程序，可在清华大学出版社网站下载，路径如下：

物联网高级实践技术\CODE\第 7 章 物联网网络通信实验\ex03_NodeDisplay

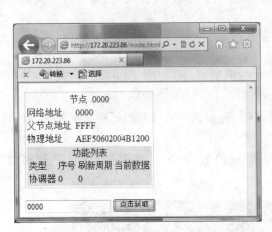

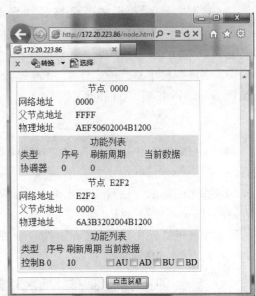

图 7.8　使用浏览器测试节点信息显示　　　　图 7.9　文本框为空时显示在线节点信息

实验 7.4　通过网络控制执行节点实验

【实验目的】

（1）了解实验箱网关系统中的 CGI 程序接口。

（2）了解实验箱网关系统中的 JavaScript 调用封装接口。

（3）掌握利用 CGI 接口控制执行器节点的方法。

【实验设备】

（1）装有 Ubuntu 系统或装有 Ubuntu 虚拟机的计算机一台。

（2）物联网开发设计平台一套。

【实验要求】

设计并编写网页，使其可以显示执行器节点的详细信息，并可以通过该网页控制执行器的开关。并调用 CGI 接口来实现显示和控制功能。

【实验原理】

实验箱提供了一个名为 send_node.cgi 的 CGI 接口程序来为用户提供向某个指定节点发送数据的功能。这个接口可以通过 GET 方式调用，并传递下面的参数：

```
type=功能编号 &id=功能 ID&data=待发送的数据
```

其中,功能编号代表了数据的接收者。在实验箱中,执行器节点所具备的功能需要为 11。data 是以十六进制字符串表示的数值,例如,希望发送 0x23 0x32 0x11 0x00 这 4 个字节给功能编号为 11,id 为 0 的节点,则参数可以表示为:

```
type=11&id=0&data=23321100
```

send_node. cgi 接收到此信息后,会在 ZigBee 网络中检索指定功能的节点,并将数据转发过去。

send_node. cgi 接口返回的也是一个 JSON 或 JSONP 对象,其定义如下:

callback_name(
```
{
    "result": true,                          //发送是否正确完成
    "errString": "完成"                      //如果出错,errString 代表错误原因
}
```
)

其中,黑色带下划线粗斜体的部分是当使用 JSONP 调用 send_node. cgi 接口时,比 JSON 方式调用时多出的内容。

在 Web 页面中使用 JavaScript 可以非常方便地解析上面的 JSON/JSONP 对象。以 jQuery 为例,在不跨域时通过 GET 方式调用它的方法如下:

```
var qdata={'type': 11, 'id': 0, 'data': '0c'};   //接收者的功能编号、id 和待发送数据
$.ajax({
    cache: false,
    async: true,
    url: uri,
    dataType: 'json',
    data: qdata,
    timeout: 4000,
    type: 'GET',
    success: function(res){
    },
    error: function(xhr){
    }
});
```

为了简化向执行节点发送信息的操作,实验箱还提供了一个名为 nodeman. js 的 JavaScript 脚本,配合 jQuery. js 可以向执行节点发送数据。

nodeman. js 脚本中提供了一个名为 sendDataToExecuteB 的函数,其定义如下:

函数原型: function sendDataToExecuteB(uri,id,au,ad,bu,bd)

功能:控制执行节点的 4 个继电器的状态。

参数:

- uri: send_node. cgi 调用地址,例如"http://172. 20. 223. 188/cgi-bin/send_node. cgi"。

- id：执行器 id，通常为 0。
- au、ad、bu、bd：4 个继电器的状态，true 表示继电器闭合，false 表示继电器打开。

返回值：无。

备注：调用本函数需要首先包含 js/jquery.js 和 js/nodeman.js。

使用 sendDataToExecuteB 函数控制执行器的示例网页如下：

```html
<HTML>
    <HEAD>
        <meta http-equiv="content-type" content="text/html; charset=utf-8" />
        <script language="javascript" type="text/javascript" src="js/jquery.js"
        charset="utf-8">
        </script>
        <script language="javascript" type="text/javascript" src="js/nodeman.js"
        charset="utf-8">
        </script>
        <script language="javascript">
            function onControl(){
                sendDataToExecuteB(
                        "/cgi-bin/send_node.cgi",0,
                        au.checked,ad.checked,bu.checked,bd.checked);
            }
        </script>
    </HEAD>
    <BODY>
        <input name="au" type="checkbox" id="au" value="checkbox">AU
        <input name="ad" type="checkbox" id="ad" value="checkbox">AD
        <input name="bu" type="checkbox" id="bu" value="checkbox">BU
        <input name="bd" type="checkbox" id="bd" value="checkbox">BD
        <br />
        <input type="button" id="refresh" value="执行" onClick="onControl()" />
    </BODY>
</HTML>
```

【实验步骤】

（1）按照实验 1.1 中的方法将计算机与嵌入式网关连接好。

（2）按照本实验后面的范例路径找到本实验附带的范例代码中的"CGI 程序源码\send_node"，并按照实验 1.1 中的方法将 send_node 文件夹复制到 Ubuntu 系统中。

（3）在虚拟机中打开一个终端，并通过 cd 命令进入到 send_node 文件夹，然后运行下面的命令编译 send_node.cgi 接口 CGI 程序。

```
arm-linux-gcc -I. send_node.c -o send_node.cgi -L. -lwsncomm -lpthread
```

（4）按照实验 1.1 中的方法将编译生成的 send_node.cgi 文件下载到实验箱，并放置在 /root/www/cgi-bin/ 文件夹下。

（5）按照同样的方法将教材配套的范例代码中的 www 文件夹内的所有内容也复制到实验箱，并放置在/root/www/文件夹下。

（6）在超级终端中使用 ifconfig 命令查看开发板的 IP 地址，例如图 7.6 所示的返回结果，表示开发板的 IP 地址为 172.20.223.188。

（7）在超级终端中执行下面的命令为 send_node.cgi 添加可执行权限。

```
chmod +x /root/www/cgi-bin/send_node.cgi
```

（8）在 Windows 系统中打开一个浏览器，并在地址栏中输入"http://实验箱 IP 地址/control.html"，并按 Enter 键，如图 7.10 所示。

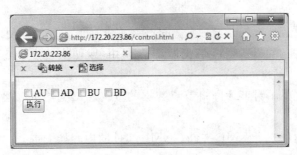

图 7.10　使用浏览器测试执行节点控制

（9）单击 4 个复选框以改变其状态，然后单击"执行"按钮，即可控制执行节点上对应的继电器。

【范例路径】

本书提供本实验的参考程序，可在清华大学出版社网站下载，路径如下：

物联网高级实践技术\CODE\第 7 章 物联网网络通信实验\ex04_Control

实验 7.5　蓝牙数据网络显示实验

【实验目的】

（1）熟悉 CGI 程序编程序。
（2）熟悉 JavaScript 调用封装接口。
（3）掌握蓝牙网络数据显示的 CGI 接口的调用方法。

【实验设备】

（1）装有 VMware 虚拟 Linux 环境的计算机一台。
（2）物联网多网技术综合教学开发设计平台一套。

【实验要求】

设计并编写用来显示蓝牙网络数据的网页,并调用 CGI 接口来获取蓝牙节点光照度的数据。

【实验原理】

1. CGI 接口

嵌入式网关通过蓝牙网络与蓝牙节点进行数据的通信。为了方便用户对这些信息的检索,嵌入式网关系统提供 CGI 程序供浏览器来调用,以便实现获取蓝牙信息 CGI 程序为 blueNode.cgi。

blueNode.cgi 提供了对蓝牙网络节点数据的查询。浏览器可以通过 GET 方式提交查询条件。

blueNode.cig 返回一个 XML 文件。XML 文件的内容如下:

```
<?xml version="1.0" encoding="utf-8"?>
<!--Generate by node.cgi on Host 172.20.223.134 -->
<WSN>
    <NODE>
        <HWADDR>节点物理地址</HWADDR>
        <VALUE>节点当前值</VALUE>
    </NODE>
    <NODE>...</NODE>
       ⋮
</WSN>
```

该 XML 文档以一对<WSN>标签作为根元素,其中包含若干个<NODE>元素。每一个<NODE>元素表示一个节点的信息,其中又包括:

- <HWADDR>元素:表示节点的物理地址。
- <VALUE>元素:表示节点所代表的传感器当前的值。

2. AJAX 接口

CGI 接口虽然提供了对蓝牙网络节点信息的访问接口,但是对于网页来说仍然无法直接使用,还需要进一步将 CGI 接口返回的信息做进一步处理,进而可以在浏览器直接显示。为此,网关系统还提供了一个 dt.js 的 JavaScript 脚本文件,其中封装了可被浏览器直接调用的接口。在 dt.js 脚本中提供了一个 getILLumNode()用来获取蓝牙网络的光照度信息,并显示在网页上。该函数的功能描述如下:

函数原型: function getILLumNode(hwaddr,val)

功能:获取蓝牙节点光照度信息并显示在网页上。

参数:

- hwaddr:用来显示蓝牙节点的物理地址的文本框名称,如果不需要显示可以传 null。

- val：用来显示蓝牙节点光照度的文本框名称，如果不需要显示可以传 null。

返回值：返回 NODE 对象，该对象包括下面的属性。

- nwaddr：节点物理地址。
- value：节点传感器的值。

备注：使用本函数需要包含 blueNode.js。

getILLumNode()在调用之前，首先需要在网页中根据情况添加若干个文本框。例如，在本实验中需要在网页中同时显示物理地址和传感器的值，则需要首先创建两个文本框：

```
物理地址:<input name="hwAddr" type="text" id="hwAddr"><br />
光照度:<input name="value" type="text" id="value"><br />
```

然后，在需要更新这些信息时调用 getILLumNode()。例如，在本实验中，当单击一个按钮的时候更新这些信息，则可以在网页中增加一个按钮，并为按钮添加 onClick 事件的处理：

```
<input name="update" type="button" id="update" value="更新"
onClick="getILLumNode('nwaddr','value');">
```

其中，getILLumNode()的两个参数分别为上面两个文本框的 id。

这样，当单击"更新"按钮时，getILLumNode()被调用，两个文本框的内容即可被更新。

当然，getILLumNode()同时会将节点的所有信息以对象的形式返回，用户还可以根据自己的需要，利用返回值做进一步的处理。

【实验步骤】

(1) 将实验箱的串口和网线连接到计算机，插入 USB 蓝牙模块，硬件详细连接如第 1 章的图 1.19 所示。

(2) 连接计算机与实验箱，硬件连接参考实验 7.1。

(3) 新建一个测试网页，并命名为 blue_Web_Data.html。

(4) 在 blue_Web_Data.html 文件中建立图 7.11 所示的表格，用来显示蓝牙节点光照度的状态。

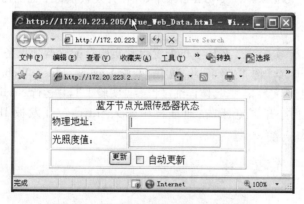

图 7.11　蓝牙数据网络显示实验测试图

（5）将"物理地址"文本框的 id 属性设置为 hwaddr。

（6）将"光照度值"文本框的 id 属性设置为 value。

（7）将"自动更新"复选框的 id 属性设置为 auto_update。

（8）在 blue_Web_Data.html 网页的＜HEAD＞中引用 dt.js 脚本。

```
<script language="javascript" type="text/javascript" src="dt.js" charset="utf-8">
</script>
```

（9）在 illum.html 网页的＜HEAD＞中编写下面的 JavaScript 脚本，定义 updateFunc() 来完成自动更新，在 updateFunc() 中每隔 1s 调用一次 getILLumNode() 接口。

```
<script language="javascript">
    function updateFunc(){
        getILLumNode("nwaddr", "value");
        if(auto_update.checked){
            setTimeout('updateFunc()', 1000);
        }
    }
</script>
```

（10）为了实现当单击"更新"按钮时可以获取到传感器信息并显示，需要给"更新"按钮增加 onClick 事件处理，如下：

```
<input type="button" id="update" value="更新"
onClick="getILLumNode('nwkAddr', 'value');">
```

（11）给"自动更新"复选框增加 onClick 事件处理，以便调用 updateFunc 函数来完成自动刷新。

```
<input type="checkbox" id="auto_update" value="checkbox" onClick="updateFunc();">
```

（12）将编写的 blue_Web_Data.html 文件复制到开发板的 /root/www 目录下。

（13）如果开发板的 www 目录下没有 dt.js 文件，则将 dt.js 文件复制到开发板的 /root/www 目录下（没有该目录则新建一个）。

（14）如果开发板的 /root/www/cgi-bin 目录下没有 blueNode.cgi 文件，则将 blueNode.cgi 文件复制到开发板的 /root/www/cgi-bin 目录下，并在开发板执行下面的命令：

```
chmod a+x /root/www/cgi-bin/blueNode.cgi
```

（15）参考"第 3 章 实验 3.2 蓝牙主机配置启动实验"，配置蓝牙设备。将"物联网高级实践技术 \ CODE \ 第 7 章 物联网网络通信实验 \ ex05_Blue_Web_Data \ depend"的 ccbluetoothService 复制到实验箱中，具体详细过程参见实验 1.1，并运行 ./ccbluetoothService&。

（16）在计算机上打开浏览器，在地址栏中输入"http://开发板 IP 地址/blue_Web_Data.html"来测试。

【范例路径】

本书提供本实验的参考程序，可在清华大学出版社网站下载，路径如下：

物联网高级实践技术\CODE\第 7 章 物联网网络通信实验\ex05_Blue_Web_Data

实验 7.6　WiFi 数据网络显示实验

【实验目的】

(1) 熟悉 CGI 程序编程序。

(2) 熟悉 JavaScript 调用封装接口。

(3) 掌握 WiFi 网络数据显示的 CGI 接口的调用方法。

【实验设备】

(1) 装有 VMware 虚拟 Linux 环境的计算机一台。

(2) 物联网多网技术综合教学开发设计平台一套。

【实验要求】

设计并编写用来显示 WiFi 网络数据的网页,并调用 CGI 接口来获取 WiFi 节点的温度数据。

【实验原理】

1. CGI 接口

嵌入式网关通过 WiFi 网络与 WiFi 节点进行数据的通信。为了方便用户对这些信息的检索,嵌入式网关系统提供 CGI 程序供浏览器来调用,以便实现获取 WiFi 信息。CGI 程序为 wifiNode. cgi。

wifiNode. cgi 提供了对 WiFi 网络节点数据的查询。浏览器可以通过 GET 方式提交查询条件:

wifiNode. cig 返回一个 XML 文件。XML 文件的内容如下:

```
<?xml version="1.0" encoding="utf-8"?>
<!--Generate by node.cgi on Host 172.20.223.134 -->
<WSN>
    <NODE>
        <HWADDR>节点物理地址</HWADDR>
        <IPADDR>节点 IP 地址</IPADDR>
        <VALUE>节点当前值</VALUE>
    </NODE>
    <NODE>...</NODE>
    ⋮
</WSN>
```

该 XML 文档以一对<WSN>标签作为根元素,其中包含若干个<NODE>元素。每一个<NODE>元素表示一个节点的信息,其中又包括:

- <HWADDR>元素:表示节点的物理地址。
- <IPADDR>元素:表示节点的 IP 地址。
- <VALUE>元素:表示节点所代表的传感器当前的值。

2. AJAX 接口

CGI 接口虽然提供了对 WiFi 网络节点信息的访问接口,但是对于网页来说仍然无法直接使用,还需要进一步将 CGI 接口返回的信息做进一步处理,进而可以在浏览器直接显示。为此,网关系统还提供了一个 dt.js 的 JavaScript 脚本文件,其中封装了可被浏览器直接调用的接口。在 dt.js 脚本中提供了一个 getTempNode()用来获取 WiFi 网络的光照度信息,并显示在网页上。该函数的功能描述如下:

函数原型:`function getTempNode(hwaddr ,ipaddr, val)`

功能:获取 WiFi 温度传感器节点信息并显示在网页上。

参数:

- hwaddr:用来显示 WiFi 节点的物理地址的文本框名称,不需要显示可以传 null。
- ipaddr:用来显示 WiFi 节点的 IP 地址的文本框名称,不需要显示可以传 null。
- val:用来显示 WiFi 节点光照度的文本框名称,不需要显示可以传 null。

返回值:返回 NODE 对象,该对象包括下面的属性。

- nwaddr:节点物理地址。
- ipaddr:节点 IP 地址。
- value:节点传感器的值。

备注:使用本函数需要包含 wifiNode.js。

getTempNode()在调用之前,首先需要在网页中根据情况添加若干个文本框。例如,在本实验中需要在网页中同时显示物理地址和传感器的值,则需要首先创建两个文本框:

```
物理地址:<input name="hwaddr" type="text" id="hwaddr"><br />
IP 地址:<input name="ipaddr" type="text" id="ipaddr"><br />
温度:<input name="value" type="text" id="value"><br />
```

然后,在需要更新这些信息时调用 getTempNode()。例如,在本实验中,当单击一个按钮的时候更新这些信息,则可以在网页中增加一个按钮,并为按钮添加 onClick 事件的处理:

```
<input name="update" type="button" id="update" value="更新"
onClick="getTempNode('nwaddr', 'ipaddr' ,'value');">
```

其中,getTempNode()的两个参数分别为上面两个文本框的 id。

这样,当单击"更新"按钮时,getTempNode()被调用,两个文本框的内容即可被更新。

当然,getTempNode()同时会将节点的所有信息以对象的形式返回,用户还可以根据自己的需要,利用返回值做进一步的处理。

【实验步骤】

(1) 将实验箱的串口和网线连接到计算机,并插入 USB 接口的 WiFi 模块,硬件详细连接如第 1 章的图 1.19 所示。

（2）连接计算机与实验箱,硬件连接参考实验 7.1。

（3）新建一个测试网页,并命名为 wifi_Web_Data.html。

（4）在 wifi_Web_Data.html 文件中建立图 7.12 所示的表格,用来显示 WiFi 节点温度值的状态。

图 7.12　WiFi 数据网络显示实验测试图

（5）将“物理地址”文本框的 id 属性设置为 hwaddr。

（6）将“IP 地址”文本框的 id 属性设置为 ipaddr。

（7）将“温度值”文本框的 id 属性设置为 value。

（8）将“自动更新”复选框的 id 属性设置为 auto_update。

（9）在 wifi_Web_Data.html 网页的＜HEAD＞中引用 dt.js 脚本。

```
<script language="javascript" type="text/javascript" src="dt.js" charset="utf-8">
</script>
```

（10）在 illum.html 网页的＜HEAD＞中编写下面的 JavaScript 脚本,定义 updateFunc() 来完成自动更新,在 updateFunc() 中,每隔 1s 调用一次 getILLumNode() 接口。

```
<script language="javascript">
    function updateFunc(){
        getTempNode("nwaddr", "ipaddr", "value");
        if(auto_update.checked){
            setTimeout('updateFunc()', 1000);
        }
    }
</script>
```

（11）为了实现当单击“更新”按钮时可以获取到传感器信息并显示,需要给“更新”按钮增加 onClick 事件处理,代码如下:

```
<input type="button" id="update" value="更新"
onClick="getTempNode('nwaddr', 'ipaddr', 'value');">
```

（12）给“自动更新”复选框增加 onClick 事件处理,以便调用 updateFunc 函数来完成自动刷新。

```
<input type="checkbox" id="auto_update" value="checkbox" onClick= "updateFunc();">
```

（13）将编写的 wifi_Web_Data.html 文件复制到开发板的/root/www 目录下。

（14）如果开发板的 www 目录下没有 dt.js 文件，则将 dt.js 文件复制到开发板的/root/www 目录下（没有该目录则新建一个）。

（15）如果开发板的/root/www/cgi-bin 目录下没有 wifiNode.cgi 文件，则将 wifiNode.cgi 文件复制到开发板的/root/www/cgi-bin 目录下，并在开发板执行下面的命令：

```
chmod a+x /root/www/cgi-bin/wifiNode.cgi
```

（16）在计算机上打开浏览器，在地址栏中输入"http://开发板 IP 地址/wifi_Web_Data.html"来测试。

【范例路径】

本书提供本实验的参考程序，可在清华大学出版社网站下载，路径如下：

物联网高级实践技术\CODE\第 7 章 物联网网络通信实验\ex06_Wifi_Web_Data

实验 7.7　TCP 通信实验

【实验目的】

（1）掌握 TCP 网络的基本原理。

（2）掌握使用 Socket 进行 TCP 网络开发的基本方法。

【实验设备】

（1）装有 Linux 系统或装有 Linux 虚拟机的计算机一台。

（2）物联网多网技术综合教学开发设计平台一套。

（3）串口线或 USB 线（A-B）一条。

【实验要求】

编写程序在实验箱上实现一个 TCP 服务器，实现接收网络数据并将收到的网络数据发送给客户端的功能。

【实验原理】

1. TCP/IP 协议

TCP/IP（Transmission Control Protocol/Internet Protocol，传输控制/网际协议），又称

网络通信协议,是 Internet 的基础。

TCP/IP 是用于计算机通信的一组协议,通常称它为 TCP/IP 协议族。它是 20 世纪 70 年代中期美国国防部为其 ARPANET(广域网)开发的网络体系结构和协议标准,以它为基础组建的 Internet 是目前国际上规模最大的计算机网络。正因为 Internet 的广泛使用,使得 TCP/IP 成了事实上的标准。

TCP/IP 是网络中使用的基本的通信协议。虽然从名字上看 TCP/IP 包括两个协议:传输控制协议(TCP)和网际协议(IP),但 TCP/IP 实际上是一组协议,它包括 TCP、IP、UDP、ICMP、RIP、Telnet、FTP、SMTP、ARP 和 TFTP 等许多协议,这些协议一起称为 TCP/IP 协议。

TCP/IP 由 4 个层次组成:数据链路层、网络层、传输层、应用层,其分层模型及协议如表 7.2 所示。

表 7.2　TCP/IP 分层模型

层　　次	包含协议
数据链路层(Data Link)	Ethernet、X.25、SLIP、PPP
网络层(Network)	IP(ARP、RARP、ICMP)
传输层(Transport)	TCP、UDP
应用层(Application)	HTTP、Telnet、FTP、SMTP、SNMP

1) 数据链路层

数据链路层是 TCP/IP 网络体系的最低层,负责通过网络发送 IP 数据报,或者从网络上接收物理帧,抽出 IP 数据报,交给 IP 层。

2) 网络层

网络层负责相邻计算机之间的通信。其功能包括三个方面:

(1) 处理来自传输层的分组发送请求,收到请求后将分组装入 IP 数据报,填充报头,选择去往信宿机的路径,然后将数据报发往适当的网络接口。

(2) 处理输入 IP 数据报。首先检查其合法性,然后进行寻径——假如该数据报已到达信宿机,则去掉报头,将剩下部分交给适当的传输协议。假如该数据报尚未到达信宿,则转发该数据报。

(3) 处理路径、流控、拥塞等问题。

3) 传输层

传输层提供应用程序间的通信。其功能包括:

(1) 格式化信息流。

(2) 提供可靠传输。为实现后者,传输层协议规定接收端必须发回确认,并且假如分组丢失,必须重新发送。

4) 应用层

应用层向用户提供一组常用的应用程序,例如电子邮件、文件传输访问、远程登录等。远程登录使用 Telnet 协议提供在网络其他主机上注册的接口。Telnet 会话提供了基于字符的虚拟终端。文件传输访问(FTP)使用 FTP 协议来提供网络内机器间的文件复制功能。

2. TCP 协议简介

TCP(Transmission Control Protocol)是 TCP/IP 协议栈中的传输层协议,它通过序列

确认以及包重发机制,提供可靠的数据流发送和到应用程序的虚拟连接服务。与 IP 协议相结合,TCP 组成了 Internet 协议的核心。

由于大多数网络应用程序都在同一台机器上运行,计算机上必须能够确保目的网络终端上的软件程序能从源地址机器处获得数据包,以及源计算机能收到正确的回复。这是通过使用 TCP 的"端口号"完成的。网络 IP 地址和端口号结合成为唯一的标识,称为"套接口"或"端点"。TCP 在端点间建立连接或虚拟电路进行可靠通信。

TCP 服务提供了数据流传输、可靠性、有效流控制、全双工操作和多路复用等技术。TCP 通过面向连接的、端到端的可靠数据报发送来保证可靠性。TCP 在字节上加上一个递进的确认序列号来告诉接收者发送者期望收到的下一个字节。如果在规定时间内没有收到关于这个包的确认响应,TCP 将重新发送此包。TCP 的可靠机制允许设备处理丢失、延时、重复及读错的包。超时机制允许设备监测丢失包并请求重发。同时,TCP 提供了有效流控制。当向发送者返回确认响应时,接收 TCP 进程就会说明它能接收并保证缓存不会发生溢出的最高序列号。

3. Linux 下的 Socket 编程

Socket 是 TCP/IP 协议传输层所提供的接口(称为套接口),供用户编程访问网络资源,它是使用标准 UNIX 文件描述符和其他程序通信的方式。Linux 的套接口通信模式与日常生活中的电话通信非常类似,套接口代表通信线路中的端点,端点之间通过通信网络来相互联系。Socket 接口被广泛应用并成为事实上的工业标准。它是通过标准的 UNIX 文件描述符和其他程序通信的一个方法。按其应用,套接口主要有以下两种分类:

- 流式套接口(Stream Socket)
- 数据报套接口(Datagram Socket)

流式套接口采用 TCP 协议通信,而数据报套接口采用 UDP 协议通信。

1) Socket 套接口地址

大多数的套接口函数都需要一个指向套接口地址结构的指针作为参数。每个协议族都定义它自己的套接口地址结构,这些结构的名字均以 sockaddr_ 开头,并以对应每个协议族的唯一后缀结束。通常情况下,IPv4 协议族的套接口地址使用的最多,它也被称为"网际套接口地址结构",它以 sockaddr_in 命名,定义在头文件＜netinet/in.h＞中。sockaddr_in 结构体的定义如下:

```
struct in_addr {
        in_addr_t s_addr;              //32 位的 IPv4 地址,以网络字节序存储
};
struct sockaddr_in {
        uint8_t sin_len;               //结构体长度(16)
        sa_family_t sin_family;        //AF_INET
        in_port_t sin_port;            //16 位的 TCP 或者 UDP 端口号,以网络字节序存储
        struct in_addr sin_addr;       //32 位的 IPv4 地址,以网络字节序存储
        char sin_zero[8];              //没有用到,必须以 0 填充
};
```

在使用 sockaddr_in 结构体时,由于 sin_zero 成员始终需要被设置为 0,因此为了方便起

见,在初始化结构体时一般将整个结构体置为 0,代码如下:

```
struct sockaddr_in serverAddr;
bzero(&serverAddr, sizeof(serverAddr));
```

地址结构体总是以指针的形式来传递给任一个套接口函数,由于多种协议族的存在,套接口函数必须可以处理它所支持的任何协议族的套接口地址结构。所以,在套接口中定义了一个通用的套接口地址结构,所有的地址结构都被转换为下面的结构形式来加以处理。通用套接口地址结构的定义如下:

```
struct sockaddr {
    uint8_t sa_len;
    sa_family_t sa_family;          //协议族类型,AF_xxx
    char sa_data[14];               //协议族相关的地址表示形式
};
```

于是,在使用套接口函数时,所有的地址结构体指针都被转换为 struct sockaddr * 类型,在套接口函数内,依据 struct sockaddr 结构体中的 sa_family 来区分当前这个地址结构体到底是哪种协议族类型。

2) 字节排序和操作函数

考虑一个大于一个字节的整数,它由 n 个字节组成($n>1$)。内存中存储这个整数有两种方式:一种是将低序字节存储在低地址,这种方式被称为小端字节序;另一种是将高序字节存储在低地址,这种方式被称为大端字节序。

小端和大端两种字节序的使用并没有相应的标准,两种格式在不同的系统中都有使用,不同的系统间通信时,必须将各自的数据转换成称为网络字节序的数据格式。网际协议在处理这些数据时采用的是大端字节序,即使用网际协议通信的两个系统必须首先将自己的数据转换为大端字节序。系统提供了 4 个用于主机字节序和网络字节序之间进行转换的函数:

函数原型: uint16_t htons(uint16_t host16bitvalue);

功能:将一个以主机字节序表示的 16 位整数转换为以网络字节序表示的整数。

参数:host16bitvalue 是以主机字节序表示的 16 位整数。

返回值:以网络字节序表示的 16 位整数。

头文件:使用本函数需要包含<netinet/in. h>。

函数原型: uint32_t htonl(uint32_t host32bitvalue);

功能:将一个以主机字节序表示的 32 位整数转换为以网络字节序表示的整数。

参数:host32bitvalue 是以主机字节序表示的 32 位整数。

返回值:以网络字节序表示的 32 位整数。

头文件:使用本函数需要包含<netinet/in. h>。

函数原型: uint16_t ntohs(uint16_t net16bitvalue);

功能:将一个以网络字节序表示的 16 位整数转换为以主机字节序表示的整数。

参数:net16bitvalue 是以网络字节序表示的 16 位整数。

返回值:以主机字节序表示的 16 位整数。

头文件:使用本函数需要包含<netinet/in. h>。

函数原型：uint32_t ntohl(uint32_t net32bitvalue);

功能：将一个以网络字节序表示的 32 位整数转换为以主机字节序表示的整数。

参数：net32bitvalue 是以网络字节序表示的 32 位整数。

返回值：以主机字节序表示的 32 位整数。

头文件：使用本函数需要包含<netinet/in. h>。

当涉及套接口地址结构这类问题时，这些结构体的字段可能包含多字节的 0，但它们又不是 C 字符串，在头文件<string. h>中定义的以 str 开头的函数，包括字串比较等都不能操作这些结构体的字段。为此，系统提供了两组函数用以处理这些字段：一组函数的函数名以字母 b 打头，由几乎任何支持套接口函数的系统提供；另一组的函数名以 mem 打头，由任何支持 ANSI C 库的系统提供，详细如下：

函数原型：void bzero(void * dest, size_t nbytes);

功能：将目标字节串中指定数量的字节置为 0。

参数：

- dest：目标字节串起始地址。
- nbytes：需要置 0 的字节数量。

返回值：无。

头文件：使用本函数需要包含<string. h>。

函数原型：void bcopy(const void * src, void * dest, size_t nbytes);

功能：将指定数据的字节从源字节串复制到目标字节串。

参数：

- src：源字节串起始地址。
- dest：目标字节串起始地址。
- nbytes：需要复制的字节数量。

返回值：无。

头文件：使用本函数需要包含<string. h>。

函数原型：int bcmp(const void * ptr1, const void * ptr2, size_t nbytes);

功能：比较任意两个字节串。

参数：

- ptr1：字节串 1 的起始地址。
- ptr2：字节串 2 的起始地址。
- nbytes：需要比较的字节数量。

返回值：字节串相同返回 0，否则返回非 0 值。

头文件：使用本函数需要包含<string. h>。

函数原型：void * memset(void * dest, int c, size_t ubytes);

功能：将目标字节串中指定数量的字节以指定值填充。

参数：

- dest：目标字节串起始地址。
- c：用于填充字节串的值。
- nbytes：需要填充的字节数量。

返回值：目标字节串的起始地址。

头文件：使用本函数需要包含＜string.h＞。

函数原型：void ∗ memcpy(void ∗ dest, const void ∗ src, size_t nbytes);

功能：将指定数据的字节从源字节串复制到目标字节串。

参数：

- dest：目标字节串起始地址。
- src：源字节串起始地址。
- nbytes：需要复制的字节数量。

返回值：目标字节串的起始地址。

头文件：使用本函数需要包含＜string.h＞。

函数原型：int memcmp(const void ∗ ptr1, const void ∗ ptr2, size_t nbytes);

功能：比较任意两个字节串。

参数：

- ptr1：字节串 1 的起始地址。
- ptr2：字节串 2 的起始地址。
- nbytes：需要比较的字节数量。

返回值：字节串相同返回 0,否则返回非 0 值。

头文件：使用本函数需要包含＜string.h＞。

4. Socket 常用 API 函数

为了执行网络 I/O,一个进程必须做的第一件事就是调用 socket(),指定期望的通信协议类型。socket() 的函数原型及功能描述如下：

函数原型：int socket(int family, int type, int protocol);

功能：创建一个套接口。

参数：

- family：指定期望使用的协议族,可选值如表 7.3 所示。
- type：指定套接口类型,可选值如表 7.4 所示。

表 7.3　socket 函数的协议族(family)可选值

family	说　　明
AF_INET	IPv4 协议
AF_INET6	IPv6 协议
AF_LOCAL	UNIX 域协议
AF_ROUTE	路由套接口
AF_KEY	密钥套接口

表 7.4　socket 函数的套接口类型(type)可选值

type	说　　明
SOCK_STREAM	字节流套接口
SOCK_DGRAM	数据报套接口
SOCK_SEQPACKET	有序分组套接口
SOCK_RAW	原始套接口

- protocol：协议类型,可选值如表 7.5 所示,设置为 0 时表示选择给定 family 和 type 组合的系统默认值,或者可以选择设置为表 7.6 所列出的值。

表 7.5　socket 函数 AF_INET 或 AF_INET6 的协议类型(protocol)可选值

protocol	说　　明	protocol	说　　明
IPPROTO_TCP	TCP 传输协议	IPPROTO_SCTP	SCTP 传输协议
IPPROTO_UDP	UDP 传输协议		

表 7.6　socket 函数中 family 和 type 参数的组合

type ＼ family	AF_INET	AF_INET6	AF_LOCAL	AF_ROUTE	AF_KEY
SOCK_STREAM	TCP|SCTP	TCP|SCTP	Yes	—	—
SOCK_DGRAM	UDP	UDP	Yes	—	—
SOCK_SEQPACKET	SCTP	SCTP	Yes	—	—
SOCK_RAW	IPv4	IPv6	—	Yes	Yes

返回值：执行成功返回非负整数。它与文件描述字类似,称为套接口描述字。

头文件：使用本函数需要包含＜sys/socket.h＞。

TCP 客户可以使用 connect()来建立与 TCP 服务器的连接。使用 connect()建立 TCP 连接时,需要指定服务器的 IP 地址和端口号等信息,但是不必指定本地的 IP 地址或端口号,内核会确定本地 IP 地址,并选择一个临时端口作为源端口。connect()的函数原型和功能描述如下:

函数原型: `int connect(int sockfd, const struct sockaddr * servaddr, socklen_t addrlen);`

功能：TCP 客户端向服务器发起连接。

参数：

• sockfd：套接口描述口,由 socket()返回。

• servaddr：含有服务器 IP 地址和端口信息的地址结构指针。

• addrlen：地址结构长度。

返回值：执行成功返回 0,失败返回−1。

头文件：使用本函数需要包含＜sys/socket.h＞。

bind()可以把本地协议地址赋予一个套接口。对于网际协议,协议地址是 32 位的 IPv4 地址或 128 位的 IPv6 地址与 16 位的 TCP 或 UDP 端口号的组合。执行 bind()后,指定的协议地址(IP 地址和端口)即被宣布由某个套接口拥有,此后通过该地址发生的网络通信都由该套接口进行控制。bind()常被 TCP 或 UDP 服务器用来指定某个特定的端口,以便可以接收客户端的连接请求。bind()的函数原型和功能描述如下:

函数原型: `int bind(int sockfd, const struct sockaddr * servaddr, socklen_t addrlen);`

功能：将指定协议地址绑定至某个套接口。

参数：

• sockfd：套接口描述字,由 socket()返回。

• servaddr：含有本地 IP 地址和端口信息的地址结构指针。

• addrlen：地址结构长度。

返回值：执行成功返回 0,失败返回−1。

头文件：使用本函数需要包含＜sys/socket.h＞。

说明：对于 IPv4 来说,可以使用常量 INADDR_ANY 来表示任意 IP 地址,如果本地 IP 地址设置为 INADDR_ANY,内核将自动确定本地 IP 地址。

listen()仅由 TCP 服务器调用,该函数将做下面的工作:

当 socket() 创建一个套接口时,它被假设为一个主动套接口,即它是一个将调用 connect 发起连接的客户套接口。listen() 把一个未连接的套接口转换成一个被动套接口, 指示内核应接受指向该套接口的连接请求。

该函数的第二个参数规定了内核应该为相应套接口排队的最大连接个数,即指定了 TCP 服务器可以处理的连接请求的个数。

listen() 的函数原型和功能描述如下:

函数原型: int listen(int sockfd, int backlog);

功能:将套接口转换至被动状态,等待客户端的连接请求。

参数:

- sockfd:套接口描述字,由 socket() 返回。
- backlog:最大允许的连接请求数量。

返回值:执行成功返回 0,失败返回 -1。

头文件:使用本函数需要包含 <sys/socket.h>。

说明:该函数应在调用 socket() 和 bind() 两个函数之后,并在调用 accept() 之前调用。

accept() 由 TCP 服务器调用,用于从连接队列获取下一个已完成的连接。如果连接队列为空,则进程将进入睡眠状态(假定套接口为默认的阻塞方式)。accept() 的第一个参数指定了监听套接口的描述字,该描述字用于指示需要由哪个监听状态的套接口获取连接。accept() 的返回值也是一个套接口描述字,它表示已经连接的套接口的描述字。监听套接口在服务器的生命期内一直存在,而连接套接口在与当前客户端的通信服务完成之后即被关闭。accept() 的函数原型和功能描述如下:

函数原型: int accept(int sockfd, struct sockaddr * cliaddr, socklen_t * addrlen);

功能:从连接队列里获取一个已完成的连接。

参数:

- sockfd:监听套接口描述字。
- cliaddr:用来返回客户端地址信息的结构体指针。
- addrlen:用来返回客户端地址信息结构体的长度。

返回值:执行成功返回一个非负的连接套接口描述字,否则返回 -1。

头文件:使用本函数需要包含 <sys/socket.h>。

成功建立连接之后,可以使用 recv() 来完成数据的接收。recv() 的函数原型和功能描述如下:

函数原型: int recv(int sockfd, void * buf, int len, unsigned int flag);

功能:从一个已经连接的套接口接收数据。

参数:

- sockfd:连接套接口描述字。
- buf:用于保存接收数据的缓冲区地址。
- len:需要接收的数据字节数。
- flag:一般设置为 0。

返回值：执行成功返回实际接收到的数据字节数，否则返回−1。

头文件：使用本函数需要包含<sys/socket. h>。

使用 send()可以完成数据的发送。send()的函数原型和功能描述如下：

函数原型：int send(int sockfd, const void * buf, int len, unsigned int flag);

功能：从一个已经连接的套接口发送数据。

参数：

- sockfd：连接套接口描述字。
- buf：用于保存发送数据的缓冲区地址。
- len：需要发送的数据字节数。
- flag：一般设置为 0。

返回值：执行成功返回实际发送的数据字节数，否则返回−1。

头文件：使用本函数需要包含<sys/socket. h>。

在完成数据通信之后，可以使用 close()来关闭套接口，同时终止当前连接。close()的函数原型和功能描述如下：

函数原型：int close(int sockfd);

功能：关闭一个套接口。

参数：sockfd：套接口描述字。

返回值：执行成功返回 0，否则返回−1。

头文件：使用本函数需要包含<unistd. h>。

5. 本实验原理

本实验需要实现一个 TCP 服务器，该服务器将一直监听某一端口，等待客户端发起的连接请求。当客户端与实验箱的服务器端建立 TCP 连接后，客户端如果向服务器端发送数据，则服务器端收到数据后会将数据重新发送给客户端。TCP 服务器的程序流程如图 7.13 所示。

【实验步骤】

(1) 按照实验原理的描述编写程序，并保存成. c 源程序文件(本例中保存文件名为 ex07_TCPEchoServer. c。或可参考实验代码"物联网高级实践技术\CODE\第 7 章 物联网网络通信实验\ex07_TCPEchoServer. c 文件)。

(2) 在 Linux 环境下输入编译命令 arm-linux-gcc -o ex07_TCPEchoServer ex07_TCPEchoServer. c 编译实验程序，如图 7.14 所示。

(3) 将生成的 ex07_TCPEchoServer 文件复制到目标板，详细过程参考实验 1.1。

(4) 将实验箱的串口和网线连接到计算机，硬件详细连接如第 1 章的图 1.19 所示。

(5) 使用 ifconfig 命令配置开发板的以太网接口，同时配置计算机的 IP 地址，使计算机和实验箱的网址处于同一个网段内，如下所示的命令将开发板的 IP 地址设置为 172. 20. 223. 200(IP 地址可以根据情况来设置)，命令是 ifconfig eth0 172. 20. 223. 200，如图 7.15 所示。

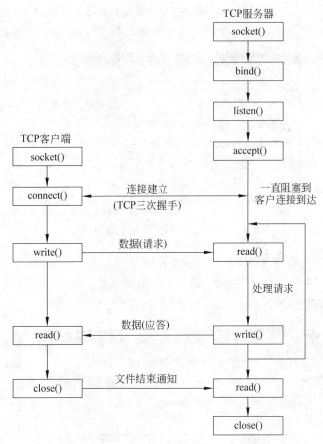

图 7.13　TCP 服务器程序流程图

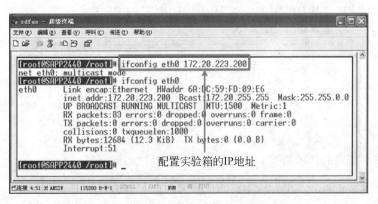

图 7.14　编译 TCP 通信实验程序

图 7.15　配置实验箱的网络地址

（6）将生成的 ex07_TCPEchoServer 文件复制到目标板，具体过程可参考实验 1.1。在实验箱上运行 ex07_TCPEchoServer，命令是./ex07_TCPEchoServer，如图 7.16 所示。

图 7.16　运行 TCP 网络通信程序

（7）在计算机的 Windows 环境下选择"开始"→"运行"命令，在打开的对话框中输入 cmd 后按 Enter 键，进入到命令行模式，输入 telnet 172.20.223.200 8000 命令，TCP 访问实验箱运行的 ex07_TCPEchoServer 运行程序，如图 7.17 所示。

图 7.17　远程 telnet 访问实验箱 8000 端口的 TCP 服务器

（8）在 telnet 客户端内输入字符，观察现象（如 Windows 系统下在 telnet 内将显示两个输入的字符，表示实验箱将发送过去的字符，同时返回），具体现象如图 7.18 所示。

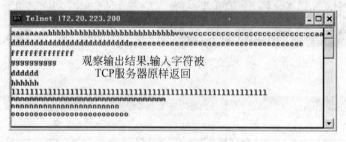

图 7.18　TCP 实验运行结果

【范例路径】

本书提供本实验的参考程序，可在清华大学出版社网站下载，路径如下：

物联网高级实践技术\CODE\第 7 章 物联网网络通信实验\ex07_TCPEchoServer.c

实验 7.8　UDP 通信实验

【实验目的】

(1) 掌握 UDP 协议的基本原理。

(2) 掌握使用 Socket 进行 UDP 网络开发的基本方法。

【实验设备】

(1) 装有 Linux 系统或装有 Linux 虚拟机的计算机一台。

(2) 物联网多网技术综合教学开发设计平台一套。

(3) 串口线或 USB 线(A-B)一条。

【实验要求】

(1) 实现功能：通过 UDP 协议接收由计算机发送的数据，再发送回计算机端。

(2) 实验现象：在计算机端软件输入一个字符串，字符串发送到实验箱并返回，并在计算机端显示返回的信息。

【实验原理】

TCP 协议和 UDP 协议是 TCP/IP 协议中最重要的两种传输层协议。TCP 协议在实验 7.7 中已经介绍过，这里主要介绍 UDP 协议。用户数据报协议(UDP)是 OSI 参考模型中一种无连接的传输层协议，提供面向事务的简单不可靠信息传送服务。UDP 协议基于 IP 协议，适用于运行在同一台设备上的多个应用程序。由于大多数网络应用程序都在同一台机器上运行，计算机上必须能够确保目的网络终端上的软件程序能从源地址机器处获得数据包，以及源计算机能收到正确的回复。与 TCP 协议类似，UDP 协议同样使用"端口号"来实现对数据流向的控制。

与 TCP 不同，UDP 并不提供对 IP 协议的可靠机制、流控制以及错误恢复等功能的支持。由于 UDP 比较简单，UDP 头包含很少的字节，比 TCP 负载消耗少。

利用 Socket 编写 UDP 应用程序的方法与编写 TCP 应用程序的方法存在一些差异。这些差异主要来自于两个协议之间的不同：UDP 是无连接不可靠的数据报协议，不同于 TCP 提供的面向连接的可靠字节流。典型的 UDP 客户端/服务器程序的通信过程如图 7.19 所示。

在 UDP 服务器与客户端通信过程中，客户端不与服务器建立连接，而是只管使用 sendto()向服务器发送数据，其中必须有参数指定数据的目的地(即服务器)的地址。类似地，服务器不接受来自于客户端的连接，而是只管使用 recvfrom()等待接收来自于某个客户

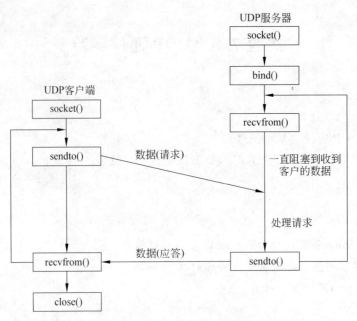

图 7.19　UDP 服务器与客户端通信流程图

端的数据到达。recvfrom()在返回接收到的数据的同时会返回客户的地址,因此服务器可以通过 sendto()将响应数据正确的返回给客户端。

在使用 Socket 进行 UDP 应用程序编程时,仍然首先需要使用 socket()建立一个套接口,并指定套接口类型为 SOCK_DGRAM。接着可以使用 bind()将套接口与本地的某个 UDP 端口进行绑定(对于 UDP 服务器来说),以便接收来自于远端的数据。然而,UDP 并不需要 listen()或者 accept()等函数,而且它也并不使用 recv()和 send()来收发数据,而是使用 recvfrom()和 sendto()完成数据的收发。recvfrom()和 sendto()的函数原型和功能描述如下:

函数原型: ssize_trecvfrom(int sockfd, void * buff, size_t nbytes, int
　　　　　flags,struct sockaddr * from, socklen_t * addrlen);

功能:从一个套接口接收数据。

参数:

- sockfd:套接口描述字。
- buff:用于保存接收数据的缓冲区地址。
- nbytes:需要接收的数据字节数。
- flag:一般设置为 0。
- from:协议地址结构体指针,将被用来保存数据发送者的地址。
- addrlen:协议地址结构体的长度。

返回值:执行成功返回实际接收到的数据字节数,否则返回−1。

头文件:使用本函数需要包含<sys/socket.h>。

说明:该函数的最后两个参数类似于 accept()的最后两个参数,函数返回时它告诉应用程序是谁发送了数据包。

函数原型: ssize_t sendto(int sockfd, void * buff, size_t nbytes, int flags,struct sockaddr * to, socklen_t * addrlen);

功能：从一个套接口接收数据。

参数：

- sockfd：套接口描述字。
- buff：用于保存发送数据的缓冲区地址。
- nbytes：需要发送的数据字节数。
- flag：一般设置为 0。
- to：协议地址结构体指针，用来指定数据接收者的地址。
- addrlen：协议地址结构体的长度。

返回值：执行成功返回实际接收到的数据字节数，否则返回 -1。

头文件：使用本函数需要包含＜sys/socket.h＞。

说明：该函数的最后两个参数类似于 connect()的最后两个参数，它确定了这个 UDP 数据报的接收者。

本实验需要实现一个 UDP 服务器，该服务器将一直等待接收某个端口的 UDP 数据报，并将接收到的数据重新发送给客户端。UDP 服务器的程序流程如图 7.20 中服务器的工作流程。

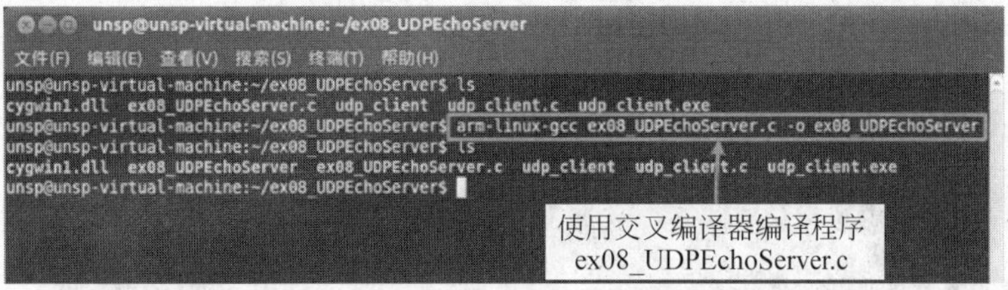

图 7.20　交叉编译 ex08_UDPEchoServer

【实验步骤】

（1）按照实验原理的描述编写程序，并保存成.c 源程序文件（本例中保存文件名为 ex08_UDPEchoServer.c。或可参考实验代码"物联网高级实践技术\CODE\第 7 章 物联网网络通信实验\ex08_UDPEchoServer"目录下的文件）。

（2）在虚拟机环境下，输入编译命令 arm-linux-gcc ex08_UDPEchoServer.c -o ex08_UDPEchoServer 编译实验程序，如图 7.20 所示。

（3）将生成的 ex08_UDPEchoServer 文件复制到目标板，详细过程参考实验 1.1。

（4）将实验箱的串口和网线连接到计算机，硬件详细连接如第 1 章的图 1.19 所示。

（5）使用 ifconfig 命令配置开发板的以太网接口，同时配置计算机的 IP 地址，使计算机和实验箱的网址处于同一个网段内。如下所示的命令将开发板的 IP 地址设置为 172.20.223.200（IP 地址可以根据情况来设置），命令是 ifconfig eth0 172.20.223.200，如图 7.15 所示。

（6）将生成的 ex08_UDPEchoServer 复制到实验箱，具体过程可参考实验 1.1。在目标板上的 Linux 下运行 ex08_UDPEchoServer，如图 7.16 所示。

（7）配置 VMWare 的网络，在 VMWare 的菜单栏中选择 Virtual Machine→Virtual Machine Settings 命令，设置虚拟机的网络环境，如图 7.21 所示。

图 7.21 设置虚拟机的网络环境

（8）在虚拟机中打开 udp_client.c 文件，将 static char ip[16]＝"172.20.223.253";中的 IP 地址修改为实验箱的 IP 地址，并使用命令 gcc -o udp_client udp_client.c 编译 udp_client.c 的程序，该程序编译后可以直接在虚拟机中运行，以便可以充当 UDP 客户端，来测试实验箱上运行的 UDP 服务器的功能是否正常。

（9）在虚拟机中运行程序 ./udp_client，如图 7.22 所示。

图 7.22 编译 udp_client 程序并运行观察结果

（10）当虚拟机中运行完 udp_client 程序后，在超级终端中观察实验箱的 UDP 服务器的输出信息，如图 7.23 所示，可以看到，UDP 服务器接收到了来自于虚拟机的"hello, UDP world!"字符串。

图 7.23 实验箱的 UDP 服务器的运行结果

【范例路径】

本书提供本实验的参考程序,可在清华大学出版社网站下载,路径如下:

物联网高级实践技术\CODE\第 7 章 物联网网络通信实验\ex08_UDPEchoServer
物联网高级实践技术\CODE\第 7 章 物联网网络通信实验\ex08_UDPEchoServer\udp_client

另外,在参考程序中还提供了一个可以在 Windows 平台下运行的 udp_client.exe 程序,在 Windows 环境下打开一个命令行窗口,执行"udp_client 实验箱 IP 地址"同样可以测试实验箱的 UDP 服务器。

第8章　物联网应用开发综合实训

实验 8.1　自习室节能控制系统

【实验目的】

(1) 利用物联网技术实现自习室节能控制系统。
(2) 学习物联网技术在节能减排方面的简单应用。

【实验设备】

(1) 装有 IAR 开发环境的计算机一台。
(2) 物联网多网技术综合教学开发设计平台一套。

【实验要求】

(1) 以自习室的灯作为控制对象,实现自动控制和节能的目的。
(2) 系统可以自主判断自习室有没有人。
(3) 系统可以监测自习室内的光照强度。
(4) 系统通过以上两步判断自动控制自习室内是否开灯,在有人且光照较暗的情况下自动开灯;在自习室没人,或光照已经比较好的情况下自动关灯,达到节能的目的。

【实验原理】

自习室节能控制系统针对自习室的灯进行控制,系统判断自习室内有没有人和光照强度进行自动控制。所以首先需要检测自习室内有没有人和自习室内的光照情况,根据检测结果判断是开灯还是关灯,然后对灯的开关进行控制,仅在自习室内有人且光照强度较差的情况下开灯,即可完成自动控制和节能。由光照度检测部分、人员检测部分、数据处理部分和灯开关控制部分组成。

光照度检测部分周期性采集自习室内的光照强度,每次采集完毕后将采集结果发送给数据处理部分。

人员检测部分也周期性判断自习室内有没有人员,每次判断结束后将判断结果发送给数据处理部分。

数据处理部分接收到前面两个部分发送过来的数据后,处理的方法是先看最后一次人员检测部分的检测结果,如果自习室没人,则直接向灯开关控制部分发送关灯命令;如果自习室有人,再接着判断最后一次收到的光照度检测结果,光照度较好就向灯开关控制部分发送关灯命令,光照度较差就向灯开关控制部分发送开灯命令。

灯开关部分接收到数据处理部分的控制命令后根据指示开灯或者关灯。

整个系统如此便可以智能、自动地实现灯的节能控制,如图 8.1 所示。

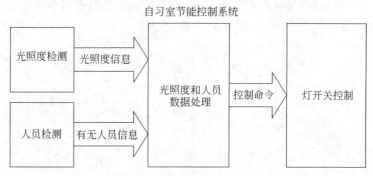

图 8.1　自习室节能控制系统框架

系统利用 ZigBee 机制工作,ZigBee 网络的工作方式是:首先由协调器节点建立通信网络,建立成功后,其他通信节点加入该通信网络。加入通信网络成功之后,所有的节点都可以发送数据到协调器节点,也可以接收到协调器节点发送过来的信息,即可以相互通信。

实验时,光照度节点用于检测光照强度,安防节点(人体热释电节点)用于检测自习室内有没有人员,协调器节点负责信息处理和控制命令分析、发送,执行器节点用于灯开关控制。各个节点的工作原理如下:

1. 光照度检测子系统

光照度检测子系统作为自习室光照度信息监测的信息采集发送部分,由光照度节点完成功能。通过光照度传感器获得光照度数据,并发送到数据处理部分。

光照度节点带有光照度传感器,以 ADC 的方式得到两个字节的光照度数据。然后对采集结果做初步的处理,即将该数据和设定的光照度临界值进行比较,判断出光照度是明亮还是偏暗。然后向数据处理节点发送两个字节的数据,第一个字节为"光照度节点标签",表明数据是由光照度节点发送的;第二个字节是初步处理的结果,0 代表光照度明亮,1 代表光照度偏暗,如图 8.2 所示。

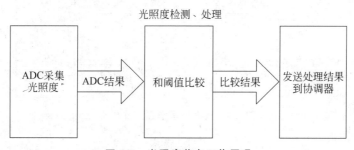

图 8.2　光照度节点工作原理

2. 人员检测子系统

人员检测子系统中由人体热释电模块负责周期性检测自习室内有没有人员,并将检测结果发送到数据处理节点。

人员检测节点带有人体热释电模块，该模块工作时，当附近有人就从输出端输出高电平，没人则输出低电平。通过判断人体热释电模块输出口的电平高低得到检测结果，当检测到有人时，读取的返回值为1；检测不到人时，读取的结果为0。根据读取的结果，向数据处理节点发送两个字节数据，第一个字节为"人员检测节点标签"，表明数据是由人员检测节点发送的；第二个字节和检测结果有关，0表示检测结果是没人，1表示检测结果是有人，如图8.3所示。

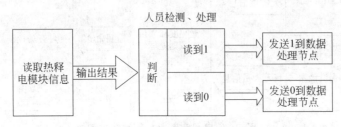

图 8.3　人员检测节点工作原理

3. 数据处理部分

数据处理部分(也称为数据处理节点)接收光照度节点和人员检测节点的数据，并通过综合判断光照度信息和人员检测信息得出应该开灯或者关灯的控制命令，然后将控制命令发送到灯开关控制节点。

数据处理部分节点由 ZigBee 网路中的协调器完成，光照度节点、人员检测节点和灯开关控制节点都会向数据处理节点发送数据。数据处理节点接收到数据的第一个字节判断是哪个节点发送过来的数据，第二个节点是该节点的信息。光照度节点和人员检测节点的信息内容和意义已经在前面叙述过。如果收到的信息表明自习室内有人且光照度较差，就向灯开关控制节点发送一个字节的数据 1，表示"开灯"；否则发送一个字节的数据 0，表示关灯。如果第一个字节是灯开关控制节点标签，则第二个字节表示当前灯开关的控制状态。数据处理节点会将其地址保存下来，留作向灯开关控制节点发送数据时用，如图 8.4 所示。

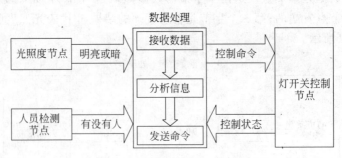

图 8.4　数据处理节点工作原理

4. 灯开关控制子系统

灯开关控制子系统负责接收并执行数据处理节点发送过来的控制命令，完成对自习室灯的开和关的控制。

灯开关控制子系统上带有 4 个可控亮灭的 LED，并周期性的向数据处理节点发送两个字节数据,第一个字节是"灯开关控制节点标签",表明数据是由灯开关控制节点发送的;第二个字节是当前的控制状态。整个系统中,只有数据处理节点会向灯开关控制节点发送一个字节的控制命令,所以灯开关控制节点收到数据后直接调用状态控制函数,以接收到的数据作为参数,调整控制状态,即调节灯的开关状态,接收到 1 就会开灯,接收到 0 就会关灯,如图 8.5 所示。

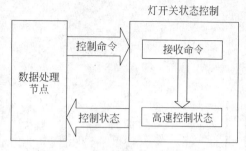

图 8.5　灯开关控制节点工作原理

【程序流程图】

(1) 光照度节点工作流程如图 8.6 所示。

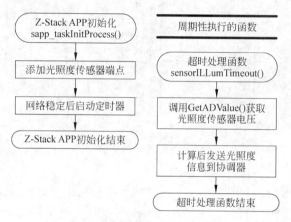

图 8.6　光照度节点工作流程图

(2) 人员检测节点工作流程如图 8.7 所示。

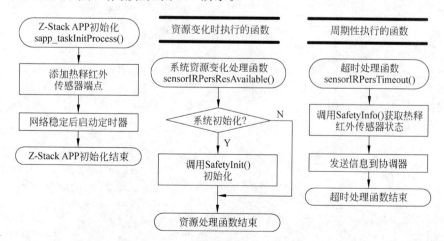

图 8.7　人员检测节点工作流程图

(3) 数据处理节点工作流程如图 8.8 所示。

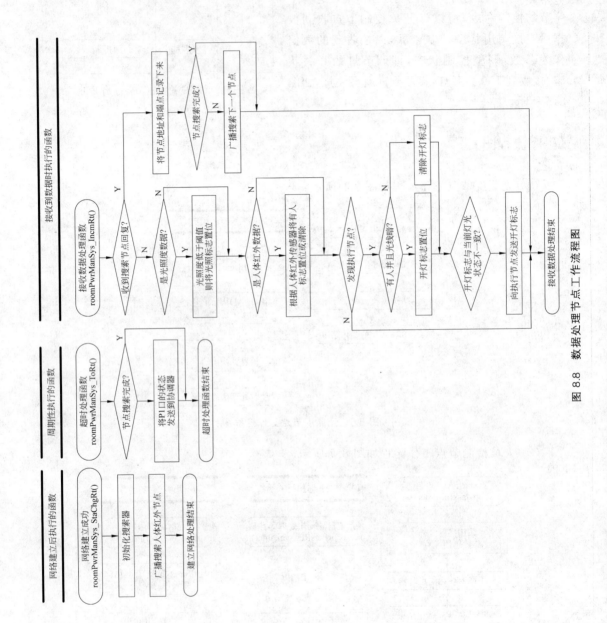

图 8.8 数据处理节点工作流程图

（4）灯开关控制节点工作流程如图 8.9 所示。

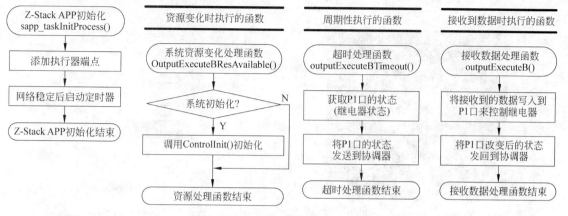

图 8.9　灯开关控制节点工作流程图

【实验步骤】

（1）本实验需要用到 4 个节点，一个作为协调器，一个作为光照度传感器节点（利用光照传感和 2530 核心板、底板组成），一个作为人体红外传感器节点，一个作为灯光控制节点（即执行节点）。

（2）将调试器一端使用 USB A-B 延长线连接至计算机的 USB 接口，另一端的 10pin 排线连接到实验箱 JTAG 调试接口，如图 8.10 所示。

（3）将实验箱"控制方式切换"开关拨至"手动"一侧，如图 8.11 所示。

图 8.10　程序下载硬件连接图

图 8.11　选择节点调试控制模式

（4）转动实验箱"旋钮节点选择"旋钮，使得协调器旁边的 LED 灯被点亮，如图 8.12 所示。

（5）打开"物联网高级实践技术\CODE\第 8 章 物联网应用开发综合实训\Ex81_RoomPowerManage\ZStack-CC2530\Projects\SappWsn\SappWsn.eww"工程文件，本实验需要在 SappWsn 工程的基础上添加代码。

（6）按照本实验的范例路径找到 roomPwrManSys.c 和 roomPwrManSys.h，并复制到上面工程的 ZStack-CC2530\Projects\SappWsn\Source 目录下。

（7）在工程目录结构树中的 App 组中找到 SAPP_Device.c 和 SAPP_Device.h，按住

Ctrl 键,依次单击这两个文件,然后右击,从弹出的快捷菜单中选择 Remove 命令,如图 8.13 所示。

图 8.12 调整调试节点

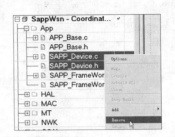

图 8.13 移除工程中原有的 SAPP_Device

(8) 右击 App 组,从弹出的快捷菜单中选择 Add→Add Files 命令,如图 8.14 所示。

(9) 选择之前复制进来的 roomPwrManSys.c 和 roomPwrManSys.h,添加完成后如图 8.15 所示。

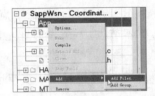

图 8.14 添加实验代码

图 8.15 添加 roomPwrManSys

(10) 在 Tools 组中找到 f8wConfig.cfg 文件,双击打开,并找到大概第 59 行的-DZAPP_CONFIG_PAN_ID=0xFFFF,将其中的 0xFFFF 修改为其他值,例如 0x0010,需要注意的是,每一个实验箱应当分别设置不同的 PAN_ID,如图 8.16 所示。

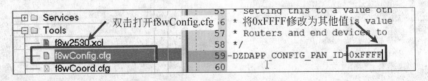

图 8.16 修改 ZigBee 网络 ID

(11) 在工程目录结构树上方的下拉列表中选择 CoordinatorEB,如图 8.17 所示。

(12) 单击工具栏中的 Make 按钮,编译工程,如图 8.18 所示。

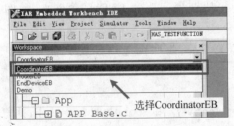

图 8.17 选择 CoordinatorEB

图 8.18 编译工程

（13）等待工程编译完成，如看到图 8.19 所示的警告，可以忽略（下同）。

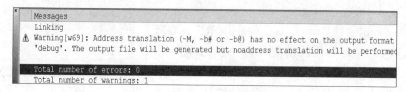

图 8.19　地址映射警告

（14）在工程目录结构树中的工程名称上单击鼠标右键，从弹出的快捷菜单中选择 Options 命令，并在弹出的对话框中选择左侧的 Debugger，并在右侧的 Driver 列表中选择 Texas Instruments，如图 8.20 所示。

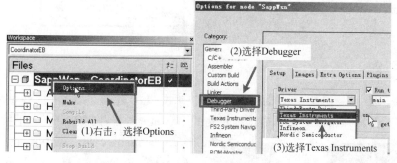

图 8.20　选择调试驱动

（15）单击 Download and Debug 按钮，如图 8.21 所示。

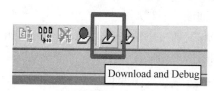

图 8.21　下载并进入调试状态

的 LED 灯被点亮，如图 8.24 所示。

（16）待程序下载完毕后，单击 Go 按钮，使程序开始运行，如图 8.22 所示。

（17）单击工具栏中的 Stop Debugging，退出调试模式，如图 8.23 所示。

（18）转动实验箱的旋钮，使得作为光照度传感器节点（利用光照传感和 2530 核心板、底板组成）旁边

图 8.22　运行程序图

图 8.23　退出调试模式

图 8.24　调整调试节点

235

（19）在工程目录结构树上方的下拉列表中选择 EndDeviceEB，如图 8.25 所示。

（20）在 roomPwrManSys.h 文件中取消 ILLUM_ NODE 的注释，并保证其他的功能均被注释，如图 8.26 所示。

（21）单击工具栏中的 Make 按钮，编译工程，如图 8.18 所示。

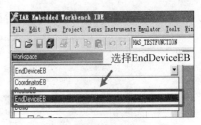

图 8.25　选择 EndDeviceEB

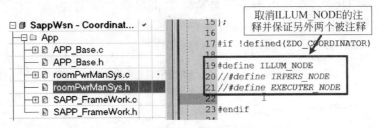

图 8.26　取消 ILLUM_NODE 注释

（22）在工程目录结构树中的工程名称上单击鼠标右键，从弹出的快捷菜单中选择 Options 命令，并在弹出的对话框中选择左侧的 Debugger，在右侧的 Driver 下拉列表中选择 Texas Instruments，如图 8.20 所示。

图 8.27　调整调试节点

（23）单击 Download and Debug 按钮，如图 8.21 所示。

（24）待程序下载完毕后，单击 Go 按钮，使程序开始运行，如图 8.22 所示。

（25）单击工具栏中的 Stop Debugging，退出调试模式，如图 8.23 所示。

（26）转动实验箱左下角的旋钮，使得热释红外传感器节点旁边的 LED 灯被点亮，如图 8.27 所示。

（27）在 roomPwrManSys.h 文件中取消 ILLUM_NODE 的注释，并保证其他的功能均被注释，如图 8.28 所示。

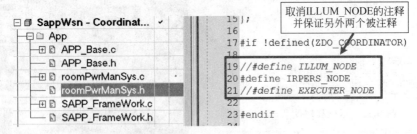

图 8.28　取消 IRPERS_NODE 注释

（28）单击工具栏中的 Make 按钮，编译工程，如图 8.18 所示。

（29）单击 Download and Debug 按钮，如图 8.21 所示。

（30）待程序下载完毕后，单击 Go 按钮，使程序开始运行，如图 8.22 所示。

（31）单击工具栏中的 Stop Debugging，退出调试模式，如图 8.23 所示。

（32）转动实验箱左下角的旋钮，使得执行节点旁边的 LED 灯被点亮，如图 8.24 所示。

（33）在 roomPwrManSys.h 文件中取消 EXECUTER_NODE 的注释，并保证其他的功能均被注释，如图 8.29 所示。

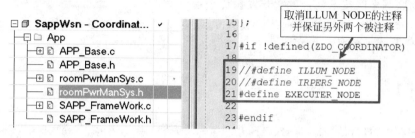

图 8.29　取消 EXECUTER_NODE 注释

（34）单击工具栏中的 Make 按钮，编译工程，如图 8.21 所示。

（35）单击 Download and Debug 按钮，如图 8.22 所示。

（36）待程序下载完毕后，单击 Go 按钮，使程序开始运行，如图 8.23 所示。

（37）稍等片刻，观察三个终点节点是否已经正确加入网络（LED 灯周期闪烁）。

（38）通过改变人体红外传感器所处的环境，以及光照度传感器的受光照强度，观察继电器的 AU 一侧的 LED 灯是否按照预期的规律变化。

（39）如果没有任何变化，可以尝试修改 roomPwrManSys.c 文件大概第 49 行位置的光照度传感器的比较阈值，如图 8.30 所示。

图 8.30　光照度阈值修改

【范例路径】

本书提供本实验的参考程序，可在清华大学出版社网站下载，路径如下：

物联网高级实践技术\CODE\第 8 章 物联网应用开发综合实训\Ex81_RoomPowerManage

实验 8.2　智能无线报警系统

【实验目的】

了解通过 ZigBee 网络获取安防传感器、燃气传感器的信息，并且当有人闯入或燃气泄漏时自动发送短信给指定手机的方法。

【实验设备】

（1）装有 Linux 系统或装有 Linux 虚拟机的计算机一台。

（2）物联网多网技术综合教学开发设计平台一套。

（3）该实验需要使用到的模块：嵌入式网关、ZigBee 协调器、ZigBee 人体红外节点、ZigBee 燃气传感器节点和 GPRS 模块。

【实验要求】

在实验箱上运行智能无线报警软件，并测试当感应到周围有人，或者燃气泄漏时发送的短信。

【实验步骤】

（1）将本实验配套源码文件夹中编译好的 WirelessAlarm 文件复制到网关的/root 目录下，具体详细过程参见实验 1.1。

（2）在实验箱上运行命令 killall CenterControl，将实验箱开机自启动的演示程序关闭，避免与实验程序抢夺 GPRS 模组的使用权。

（3）在实验箱上运行命令/Application/NetRFID/ccGprsService &，启动 GPRS 服务程序（注意，如果在做其他实验时已经执行过该命令，并且嵌入式网关没有重启过，则不需要重复运行该命令）。

（4）为 WirelessAlarm 文件增加可执行权限，并运行它，如图 8.31 所示。

图 8.31　运行 WirelessAlarm 程序

（5）程序运行之后，可以在 LCD 上看到图 8.32 所示的界面。

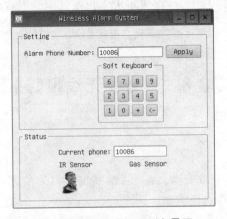

图 8.32　WirelessAlarm 主界面

（6）Setting 栏可以设置报警手机号码。Status 栏用来显示当前的传感器状态和当前设置的报警号码。

（7）当检测到相应传感器被触发时，对应的传感器下方的图标会闪烁，并同时给设置的手机号发送报警短信。

【范例路径】

本书提供本实验的参考程序，可在清华大学出版社网站下载，路径如下：

物联网高级实践技术\CODE\第 8 章 物联网应用开发综合实训\Ex82_Wireless_Alarm

实验 8.3　125kHz 门禁考勤系统

【实验目的】

了解利用 125kHz 读卡器完成门禁考勤的方法。

【实验设备】

（1）装有 Linux 系统或装有 Linux 虚拟机的计算机一台。

（2）物联网多网技术综合教学开发设计平台一套。

（3）该实验需要使用到的模块：嵌入式网关、125kHz RFID 读卡器模块。

【实验要求】

在实验箱上运行门禁考勤软件，利用 125kHz 卡实现考勤记录和信息录入、查询。

【实验步骤】

（1）将本实验配套源码文件夹中编译好的 Attendance 文件复制到网关的/root 目录下，具体详细过程参见实验 1.1。

（2）为 Attendance 文件增加可执行权限，并运行它，如图 8.31 所示。

（3）程序运行之后，可以在 LCD 上看到图 8.33 所示的界面。

（4）Clock in 界面为刷卡界面，在此界面下，当刷卡时，系统会显示卡号和与之关联的姓名。如果该卡没有登记，则在 Name 栏将显示 No such person!，如图 8.34 所示。

（5）在 Manage 界面中可以对用户信息进行管理，并可以查看考勤记录，如图 8.35 所示。

（6）单击 Add 按钮可以打开添加用户窗口，如图 8.36 所示。

图 8.33　Attendance 主界面

图 8.34　刷卡无效时的界面

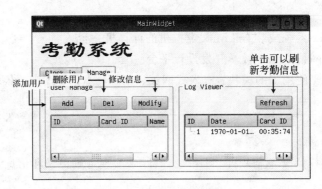

图 8.35　Manage 界面

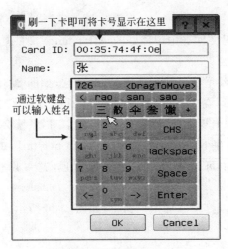

图 8.36　添加用户界面

(7) 添加用户之后,再次回到 Clock in 界面,此时刷卡将会显示用户名,如图 8.37 所示。

图 8.37 刷卡有效时的效果

【范例路径】

本书提供本实验的参考程序,可在清华大学出版社网站下载,路径如下:

物联网高级实践技术\CODE\第 8 章 物联网应用开发综合实训\Ex83_Attendance

实验 8.4 900MHz 图书管理系统

【实验目的】

了解利用 900MHz 读写器完成图书借阅管理的方法。

【实验设备】

(1) 装有 Linux 系统或装有 Linux 虚拟机的计算机一台。

(2) 物联网多网技术综合教学开发设计平台一套。

(3) 该实验需要使用到的模块:嵌入式网关、900MHz RFID 读写器模块。

【实验要求】

在实验箱上运行图书管理软件,利用 900MHz 卡实现图书信息录入、借阅、归还等操作。

【实验步骤】

(1) 将本实验配套源码文件夹中编译好的 BookMarketManage 文件复制到网关的/root 目录下,具体详细过程参见实验 1.1。

(2) 为 BookMarketManage 文件增加可执行权限,并运行它,如图 8.31 所示。

(3) 程序运行之后,可以在 LCD 上看到图 8.38 所示的界面。

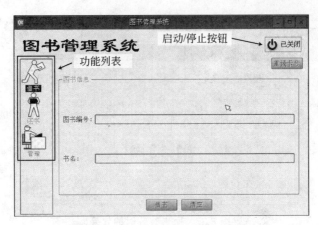

图 8.38　BookMarketManage 主界面

（4）右上角显示为"已关闭"时，表示系统未工作，此时界面内的所有功能均不可操作。单击右上角的"已关闭"按钮，打开 RFID 读写器，此时按钮将变为"已打开"，同时左侧的功能列表将变为可用，如图 8.39 所示。

图 8.39　启动读写器

（5）通过单击左侧的功能列表，即可进入不同的功能单元。第一次启动软件需要首先进入"管理"界面，添加图书信息，如图 8.40 所示。

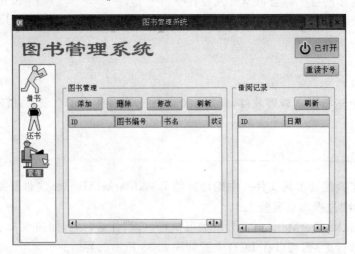

图 8.40　图书"管理"界面

（6）在图书信息管理页面中，左侧可以添加、删除或修改图书信息，在这里可以将 RFID 卡号与某个书名绑定。以添加为例，首先单击一下右上角的"重读卡号"按钮，然后单击"添加"按钮，可以看到图 8.41 所示的界面。

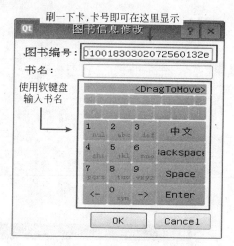

图 8.41　添加图书界面

（7）信息输入完毕后，单击 OK 按钮即可回到"管理"界面，可以看到图书信息已经添加，如图 8.42 所示。

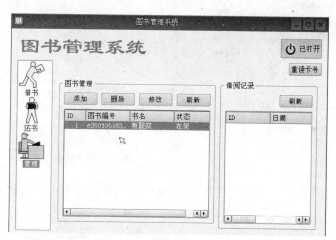

图 8.42　添加图书信息之后的界面

（8）接下来可以测试借阅功能，在左侧单击"借书"，进入借书页面。

（9）单击右上角的"重读卡号"按钮。

（10）刷一下刚刚添加的 900MHz 电子卡，可以看到在界面中会显示图书信息，如图 8.43 所示。

（11）单击"借书"按钮，会弹出"图书借阅完成"的提示。

（12）再次回到"管理"界面中，单击右侧"借阅记录"中的"刷新"按钮，可以看到借阅记录，如图 8.44 所示。

（13）通过左侧的功能列表进入"还书"界面。

（14）单击右上角的"重读卡号"按钮，并再次将电子卡刷一下，可以看到在"还书"界面中会显示图书信息和上次的借阅时间，如图 8.45 所示。

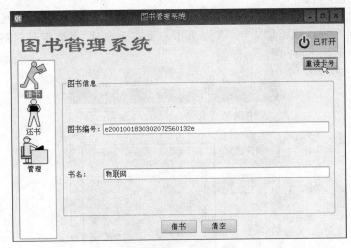

图 8.43 "借书"界面

图 8.44 查询借阅记录

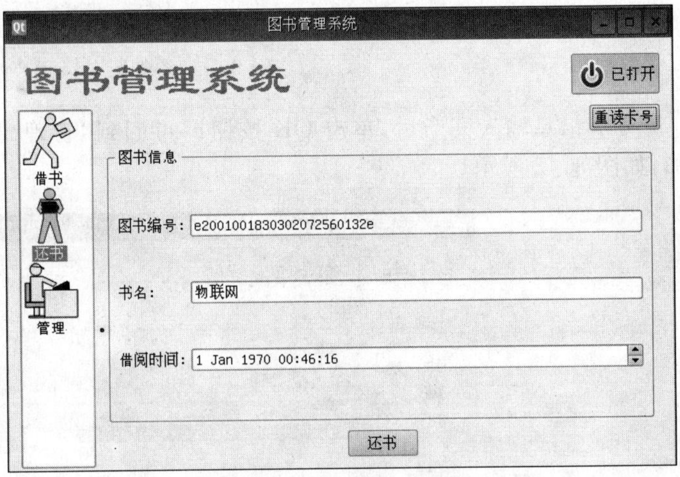

图 8.45 "还书"界面

(15) 单击"还书"按钮,即可将图书归还,可以回到管理界面中查询状态。

【范例路径】

本书提供本实验的参考程序,可在清华大学出版社网站下载,路径如下:

物联网高级实践技术\CODE\第 8 章 物联网应用开发综合实训\Ex84_Book_Market_Manage

实验 8.5 900MHz 药品管理系统

【实验目的】

了解利用 900MHz 读写器完成药品购销管理的方法。

【实验设备】

（1）装有 Linux 系统或装有 Linux 虚拟机的计算机一台。

（2）物联网多网技术综合教学开发设计平台一套。

（3）该实验需要使用到的模块：嵌入式网关、900MHz RFID 读写器模块。

【实验要求】

在实验箱上运行药品销售管理软件，利用 900MHz 卡实现药品信息录入、买入、卖出等操作。

【实验步骤】

（1）将本实验配套源码文件夹中编译好的 DrugSaleManageSystem 文件复制到网关的 /root 目录下，具体详细过程参见实验 1.1。

（2）为 DrugSaleManageSystem 文件增加可执行权限，并运行它，如图 8.31 所示。

（3）程序运行之后，可以在 LCD 上看到图 8.46 所示的界面。

（4）右上角显示为"已关闭"时，表示系统未工作，此时界面内的所有功能均不可操作。单击右上角的"已关闭"按钮，打开 RFID 读写器，此时按钮将变为"已打开"，同时下面的选项卡变为可用状态，如图 8.47 所示。

图 8.46 DrugSaleManageSystem 主界面

图 8.47 启动读写器

（5）第一次运行程序，药品信息数据库为空，无法执行"卖出"的动作，所以需要首先切换到"买入"选项卡，并刷一下 900MHz 电子卡，此时会弹出图 8.48 所示的对话框，用户可以为药品指定价格和名称。

（6）输入药品单价和名称后，单击"确定"按钮，回到"买入"界面，可以看到这里多了一条记录，表示即将买入该药品，如图 8.49 所示。

（7）可以多次刷卡，以便买入多种药品。最后单击"入库"按钮，即可模拟完成买入药品的功能。

（8）买入药品完成后，可以在"购销记录"选项卡中查询库存和记录，如图 8.50 所示。

图 8.48　添加药品信息

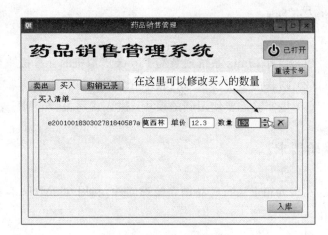

图 8.49　买入药品列表

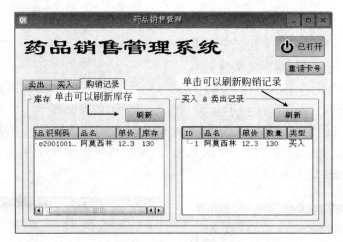

图 8.50　库存和购销记录查询

（9）药品销售可以在"卖出"选项卡中完成。

（10）首先切换到"卖出"选项卡，然后单击右上角的"重读卡号"按钮。

（11）刷一下已经登记（买入）过的 900MHz 电子卡，可以看到在列表中出现了对应的药品信息，表示可以购买该药品，如图 8.51 所示。

（12）可以多次刷卡，以便卖出多种药品。当药品种类或数量发生变化时，下方的"总金额"会自动发生变化。

（13）确认无误后，单击"完成"按钮，即可模拟完成药品销售的过程。此时回到"购销记录"界面，刷新一下"库存"和"购销记录"，可以看到药品的库存信息和购销记录均发生了变化，如图 8.52 所示。

【范例路径】

本书提供本实验的参考程序，可在清华大学出版社网站下载，路径如下：

物联网高级实践技术\CODE\第 8 章 物联网应用开发综合实训\Ex85_Drug_Sale_Mangage_System

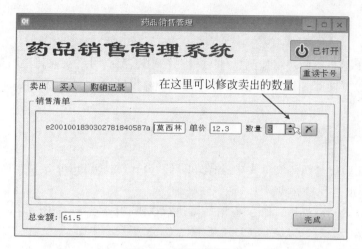

图 8.51　卖出药品

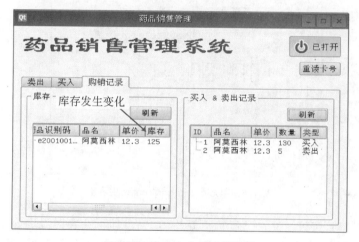

图 8.52　发生变化的购销记录

实验 8.6　冷库环境监测系统

【实验目的】

了解冷库环境监测系统程序的下载和使用方法。

【实验设备】

（1）装有 Linux 系统或装有 Linux 虚拟机的计算机一台。

（2）物联网多网技术综合教学开发设计平台一套。

（3）该实验需要使用到的模块：嵌入式网关、WiFi 温度传感器节点。

【实验要求】

在实验箱上运行冷库环境监测软件，并利用 WiFi 无线网络获取传感器数据，并显示实时数据和历史数据曲线，同时可以让用户设置一个温度区间，当温度值不在此区间时报警。

【实验步骤】

（1）将本实验配套源码文件夹中编译好的 ColdStorageMonitor 文件复制到网关的/root 目录下，具体详细过程参见实验 1.1。

（2）为 ColdStorageMonitor 文件增加可执行权限，并运行它，如图 8.31 所示。

（3）程序运行之后，可以在 LCD 上看到图 8.53 所示的界面。

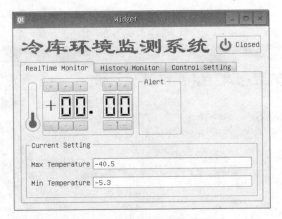

图 8.53　ColdStorageMonitor 主界面

（4）单击"启动"按钮，将系统启动，稍等片刻之后，即可在实时温度显示区域内看到当前的温度值，如图 8.54 所示。在界面的下方显示的是当前的报警温度区间，当温度值不在此区间时，Alert 区域会有图片闪烁。

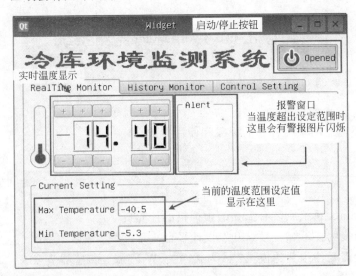

图 8.54　实时数据显示效果

（5）单击 History Monitor 选项卡，可以切换到历史数据界面，在这里可以看到 WiFi 温度传感器以往采集到的温度值，如图 8.55 所示。

图 8.55　历史数据显示效果

（6）单击 Control Setting 选项卡，可以切换至报警区域设置界面，在这里可以修改温度区间的上下限，如图 8.56 所示。

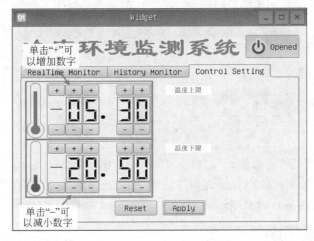

图 8.56　报警设置界面

【范例路径】

本书提供本实验的参考程序，可在清华大学出版社网站下载，路径如下：

物联网高级实践技术\CODE\第 8 章 物联网应用开发综合实训\Ex86_Cold_Storage_Monitor

实验 8.7　拓扑结构显示系统

【实验目的】

了解 ZigBee 网络拓扑结构显示系统程序的下载和使用方法。

【实验设备】

(1) 装有 Linux 系统或装有 Linux 虚拟机的计算机一台。

(2) 物联网多网技术综合教学开发设计平台一套。

【实验要求】

在实验箱上运行拓扑结构显示软件,并查看当前的 ZigBee 网络的拓扑结构。

【实验步骤】

(1) 将本实验配套源码文件夹中编译好的 TopoDisplaySystem 文件复制到网关的/root 目录下,具体详细过程参见实验 1.1。

(2) 为 TopoDisplaySystem 文件增加可执行权限,并运行它,如图 8.31 所示。

(3) 可以看到图 8.57 所示的界面,下面的"自动更新"复选框用于启动或暂停拓扑图的更新。

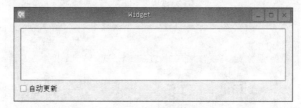

图 8.57　TopoDisplaySystem 运行效果

(4) 选中"自动更新"复选框,可以看到 ZigBee 网络当前的状态,如图 8.58 所示。

(5) 拓扑图中,最上面的点表示协调器,中间层右边的点表示路由,其余表示终端节点,其中,当单击任一终端节点时会显示该节点的具体信息,如图 8.59 所示。

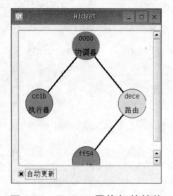

图 8.58　ZigBee 网络拓扑结构

图 8.59　节点详细信息

【范例路径】

本书提供本实验的参考程序,可在清华大学出版社网站下载,路径如下:

物联网高级实践技术\CODE\第 8 章 物联网应用开发综合实训\Ex87_Topo_Display_System

实验 8.8 智能热水器系统

【实验目的】

（1）利用物联网技术实现智能热水器系统。
（2）学习物联网技术结合嵌入式技术在远程控制方面的简单应用。

【实验设备】

（1）装有 IAR 开发环境的计算机一台。
（2）物联网开发设计平台一套。

【实验要求】

模拟一个热水器系统，可以允许用户通过远程 Web 的方式设定热水器的目标水温，并且可以查看当前热水器的状态。在设置完目标水温后，热水器自动加热和保温。

【实验原理】

本实验模拟了一个简易的热水器系统，包括三个部分：温度传感器，用于检测热水器的水温，并将水温报告给协调器；热水器控制器，可以在协调器的控制下对热水器的加热与否进行控制；嵌入式网关，可以为 Web 用户提供热水器管理页面，用户在页面中设置的目标温度被保存起来，并不断接收温度传感器的值，与目标温度值进行比对，当水温低于目标温度时，发送命令控制热水器开启；当水温高于目标温度时，发送命令控制热水器关闭。

在本实验中，协调器、温度传感器节点以及执行节点的代码采用 Z-Stack SAPP 的标准代码，其程序结构和流程在前面的实验中已有介绍，这里不再赘述。

嵌入式网关的程序主要包含两部分：水温自动控制和 Web 接口 CGI。

（1）水温自动控制。

水温的自动控制过程如图 8.60 所示。

其中，目标水温必须是一个可以由外部来修改

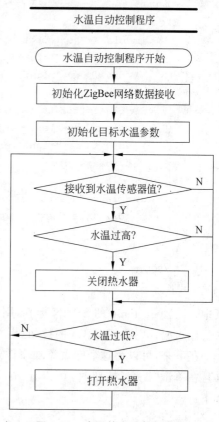

图 8.60 水温的自动控制流程

的参数,因为在本系统中还需要由用户通过 Web 远程设置这个值。在本实验中,将目标水温保存到固定的文件中,当发现文件被修改后,表示目标水温被修改,则重新读取文件中的值进行比较。

(2) Web 接口 CGI。

通过 Web 端用户需要显示当前水温、设定目标温度。所以,系统中有两个 CGI 接口 get_temp.cgi 和 set_temp.cgi,分别完成温度传感器信息查询和对目标水温的保存文件的修改功能。

除了上面的两部分程序之外,网关上还需要保存 HTML 页面,以便用于通过浏览器访问系统时提供一个交互界面。

在本实验中,HTML 页面的内容比较简单,包含了一个用于显示当前温度的 DIV 标签,以及用来设置目标温度的列表框和提交按钮,代码如下:

```html
<!DOCTYPE HTML>
<HTML>
    <HEAD>
        <meta http-equiv="content-type" content="text/html; charset=utf-8" />
        <TITLE>智能热水器</TITLE>
        <script src="./jquery.js"></script>
        <style type="text/css">
            @import url("main.css");
        </style>
    </HEAD>
    <BODY>
        <div class="hor_container">
            <div class="left_ver"><span>当前水温</span></div>
            <div class="right_ver"><span id="cur_temp"></span></div>
        </div>
        <div class="hor_container">
            <div class="left_ver"><span>目标水温</span></div>
            <div class="right_ver"><span><input type="text" id="dst_temp"/>
            </span></div>
        </div>
        <div class="hor_container">
            <div style="text-align:center;"><button id="applyBtn">提交</button>
            </div>
        </div>
    </BODY>
</HTML>
```

其中,id 为 cur_temp 的 SPAN 标签,用于显示水温;id 为 dst_temp 的文本框,用来让用户输入目标水温;id 为 applyBtn 的按钮,用来将设置好的水温提交至嵌入式网关。

接下来,可以为这个网页添加事件处理代码,以便可以使 cur_temp 自动更新当前水温,并且在单击"提交"按钮时,可以让 dst_temp 内的数值写入到配置文件内使其生效,代码如下:

```javascript
<script language="javascript">
```

```
function updateCurrentTemp(){
    $('#cur_temp').load("/cgi-bin/get_temp.cgi?rand="+new Date().getTime()
    +Math.random());
    setTimeout("updateCurrentTemp()", 1000);
}
$(document).ready(function(){

    $("#applyBtn").click(function(){
        $.get("/cgi-bin/set_temp.cgi?temp="+$("#dst_temp")[0].value+
        "&rand="+new Date().getTime()+Math.random(),null,function(){
            alert("OK");
        },"html");
    });
    setTimeout("updateCurrentTemp()", 1000);
});
</script>
```

setTimeout() 可以使 updateCurrentTemp() 每隔 1s 执行一次。在 updateCurrentTemp() 中，通过请求 get_temp.cgi 接口获取当前水温，并显示在 cur_temp 这个 SPAN 文本区域内。

$("♯applyBtn").click 定义了当 applyBtn 按钮按下时的动作，通过 $("♯dst_temp")[0].value 获取 dst_temp 文本框内的内容，并发送给 set_temp.cgi 接口，以便可以将目标温度写入到配置文件中使其生效。

【程序流程】

在实验原理中已经对程序流程做出了描述，这里不再赘述。

【实验步骤】

(1) 本实验需要用到嵌入式网关和三个节点：协调器、温湿度传感器节点和执行节点。

(2) 将调试器一端使用 USB A-B 延长线连接至计算机的 USB 接口，另一端的 10pin 排线连接到实验箱左下角的调试接口，如图 8.10 所示。

(3) 将实验箱右上角的开关拨至"旋钮节点选择"一侧，如图 8.61 所示。

(4) 转动实验箱左下角的旋钮，使得协调器旁边的 LED 灯被点亮，如图 8.62 所示。

图 8.61　选择节点调试控制模式

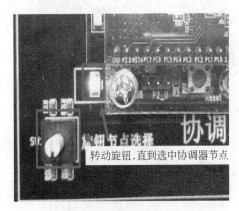

图 8.62　调整调试节点

（5）打开"物联网高级实践技术\ CODE\第8章 物联网应用开发综合实训\Ex88_Heater \ZStack-CC2530\Projects\SappWsn\SappWsn.eww"工程文件。

（6）在Tools组中找到f8wConfig.cfg文件，双击打开，并找到大概第59行的-DZAPP_CONFIG_PAN_ID＝0xFFFF，将其中的0xFFFF修改为其他值，例如0x0010，需要注意的是，每一个实验箱应当设置不同的PAN_ID，如图8.16所示。

（7）在工程目录结构树上方的下拉列表中选择CoordinatorEB，如图8.17所示。

（8）单击工具栏中的Make按钮，编译工程，如图8.18所示。

（9）等待工程编译完成，如看到图8.19所示的警告，可以忽略（下同）。

（10）在工程目录结构树中的工程名称上单击鼠标右键，从弹出的快捷菜单中选择Options命令，并在弹出的对话框中选择左侧的Debugger，在右侧的Driver列表中选择Texas Instruments，如图8.20所示。

（11）单击Download and Debug按钮，如图8.21所示。

（12）待程序下载完毕后，单击Go按钮，使程序开始运行，如图8.22所示。

（13）单击工具栏中的Stop Debugging，退出调试模式，如图8.23所示。

（14）转动实验箱左下角的旋钮，使得温湿度传感器节点旁边的LED灯被点亮，如图8.24所示。

（15）在工程目录结构树上方的下拉列表中选择EndDeviceEB，如图8.25所示。

（16）在SAPP_Device.h文件中取消HAS_TEMP的注释，并保证其他的功能均被注释，如图8.26所示。

（17）单击工具栏中的Make按钮，编译工程，如图8.18所示。

（18）在工程目录结构树中的工程名称上单击鼠标右键，从弹出的快捷菜单中选择Options命令，并在弹出的对话框中选择左侧的Debugger，在右侧的Driver列表中选择Texas Instruments，如图8.20所示。

（19）单击Download and Debug按钮，如图8.21所示。

（20）待程序下载完毕后，单击Go按钮，使程序开始运行，如图8.22所示。

（21）单击工具栏中的Stop Debugging，退出调试模式，如图8.23所示。

（22）转动实验箱左下角的旋钮，使得执行节点旁边的LED灯被点亮，如图8.63所示。

图8.63　调整调试节点

（23）在SAPP_Device.h文件中取消HAS_EXECUTEB的注释，并保证其他的功能均被注释，如图8.29所示。

（24）单击工具栏中的Make按钮，编译工程，如图8.18所示。

（25）单击Download and Debug按钮，如图8.21所示。

（26）待程序下载完毕后，单击Go按钮，使程序开始运行，如图8.22所示。

（27）稍等片刻，观察三个终点节点是否已经正确加入网络（LED灯周期闪烁）。

（28）接下来编译并运行嵌入式网关上的程序。

（29）按照实验1.1中的方法将计算机与嵌入式网关连接好。

（30）按照本实验后面的范例路径找到本实验附带的范例代码中的"CGI程序源码

\CGI",并按照第 1 章实验 1.1 中的方法将整个 CGI 文件夹复制到 Ubuntu 系统中。

（31）在虚拟机中打开一个终端,并通过 cd 命令进入到 CGI 文件夹,然后依次运行下面的两条命令编译 get_temp. cgi 和 set_temp. cgi 两个接口 CGI 程序。

```
arm-linux-gcc -Wall -I. -o get_temp.cgi get_temp.c -L. -lwsncomm -lpthread
arm-linux-gcc -Wall -I. -o set_temp.cgi set_temp.c
```

（32）按照第 1 章实验 1.1 中下载程序的方法,将编译生成的 get_temp. cgi 和 get_temp. cgi 两个文件下载到实验箱,并放置在/root/www/cgi-bin/文件夹下。

（33）按照同样的方法,将教材配套的范例代码中的 www 文件夹内的所有内容也复制到实验箱,并放置在/root/www/文件夹下。

（34）在超级终端中使用 ifconfig 命令查看开发板的 IP 地址,例如图 8.64 所示的返回结果表示开发板的 IP 地址为 172.20.223.188。

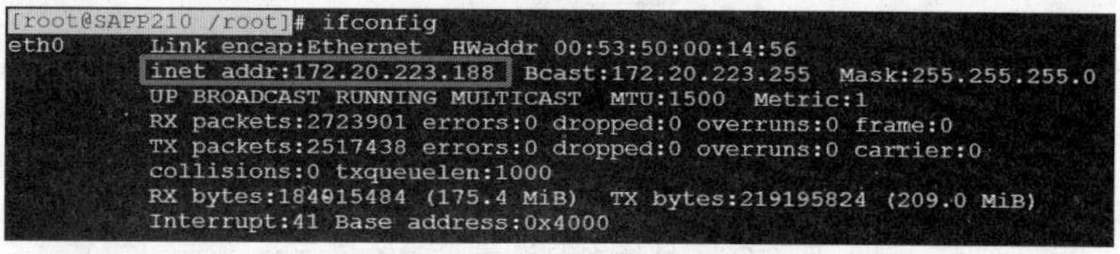

图 8.64　查看 IP 地址配置

（35）在超级终端中依次执行下面的命令为 get_temp. cgi 和 set_temp. cgi 添加可执行权限。

```
chmod +x /root/www/cgi-bin/get_temp.cgi
chmod +x /root/www/cgi-bin/set_temp.cgi
```

（36）按照本实验后面的范例路径找到本实验附带的范例代码中的"水温自动控制\heater",并按照第 1 章实验 1.1 中的方法将整个 heater 文件夹复制到 Ubuntu 系统中。

（37）在虚拟机的终端中,通过 cd 命令进入到 heater 文件夹,然后运行下面的命令编译 heater 程序。

```
arm-linux-gcc -Wall -I. -o heater heater.c -L. -lwsncomm -lpthread
```

（38）按照第 1 章实验 1.1 中下载程序的方法,将编译生成的 heater 文件下载到实验箱,并放置在/root/文件夹下。

（39）在超级终端中,依次执行下面的命令为 heater 添加可执行权限并运行它。

```
chmod +x /root/heater
/root/heater
```

（40）至此,嵌入式网关上需要运行的环境已经全部准备好,接下来可以在计算机端使用浏览器来测试。

（41）在 Windows 系统中打开一个浏览器,并在地址栏中输入"http://实验箱 IP 地址/heater. html",并按 Enter 键,如图 8.65 所示。

（42）"当前水温"可以实时显示当前的温度传感器采集到的温度值。

（43）在"目标水温"文本框中输入一个温度值,例如 26.6,并单击"提交"按钮,将会弹出 OK 对话框,如图 8.66 所示,表示目标水温设置完成。

智能热水器 - Windows Internet Explorer
http://172.20.223.188/heater.html
智能热水器
转换
选择
当前水温
23.920000
目标水温
提交

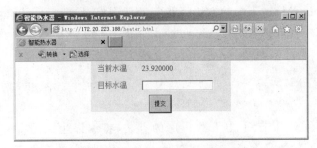

图 8.65 使用浏览器测试智能热水器

智能热水器 - Windows Int
来自网页的消息
OK
确定
目标水温
26.6
提交

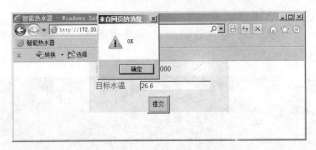

图 8.66 目标水温设置完成的提示

(44) 可以通过人为改变温度传感器的表面温度来测试执行节点的继电器的动作，是否符合温度低于目标温度时继电器打开，高于目标温度时继电器关闭。

(45) 另外，为了便于观察现象，在超级终端中，heater 程序也会不断输出当前水温、目标水温以及继电器的状态，如图 8.67 所示。

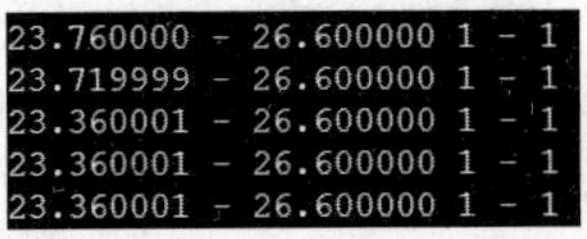
23.760000 - 26.600000 1 - 1
23.719999 - 26.600000 1 - 1
23.360001 - 26.600000 1 - 1
23.360001 - 26.600000 1 - 1
23.360001 - 26.600000 1 - 1

图 8.67 超级终端中 heater 输出的提示

【范例路径】

本书提供本实验的参考程序，可在清华大学出版社网站下载，路径如下：

物联网高级实践技术\CODE\第 8 章 物联网应用开发综合实训\ Ex88_Heater

附录 A　常见传感器 API 介绍

1. 温湿度传感器

有一个接口函数被封装在一个称做 TempHumi 的类中,这个接口函数可以让用户在 Qt 环境下弹出用于显示温湿度传感器信息窗口,它的详细介绍如下:

函数原型: void TempHumi::showOut(const QString &ip, quint8 tempId= 0xFF, quint8 hummId=0xFF);

功能:显示指定序号的温湿度传感器的信息。

参数:

- ip:运行服务程序的网关(计算机)的 IP 地址。
- tempId:温度传感器序号,默认为 0xFF,表示任意序号的温度传感器。
- hummId:湿度传感器序号,默认为 0xFF,表示任意序号的湿度传感器。

返回值:无。

头文件:使用本函数需要包含"temphumi.h"。

在实际应用中,用户可以在任何需要弹出温湿度传感器信息的时候调用 TempHumi:: showOut()。

可以按照实验 2.4 的步骤做人体红外传感器数据显示实验,本教材提供了参考程序,路径如下:

物联网高级实践技术\CODE\附录\Exf1_TempHumi

2. 光照度传感器

有一个接口函数被封装在一个称做 Light 的类中,这个接口函数可以让用户在 Qt 环境下弹出用于显示光照度传感器信息窗口,它的详细介绍如下:

函数原型: void Light::showOut(const QString &ip, quint8 id=0xFF);

功能:显示指定序号的光照度传感器的信息。

参数:

- ip:运行服务程序的网关(计算机)的 IP 地址。
- id:光照度传感器序号,默认为 0xFF,表示任意序号的光照度传感器。

返回值:无。

头文件:使用本函数需要包含"light.h"。

在实际应用中,用户可以在任何需要弹出光照度传感器信息的时候调用 Light:: showOut()。

可以按照实验 2.4 的步骤做人体红外传感器数据显示实验,本教材提供了参考程序,路径如下:

物联网高级实践技术\CODE\附录\Exf2_Light

3. 红外测距传感器

有一个接口函数被封装在一个称做 Distance 的类中，这个接口函数可以让用户在 Qt 环境下弹出用于显示红外测距传感器信息窗口，它的详细介绍如下：

函数原型：void Distance::showOut(const QString &ip, quint8 id=0xFF);

功能：显示指定序号的红外测距传感器的信息。

参数：

- ip：运行服务程序的网关(计算机)的 IP 地址。
- id：红外测距传感器序号，默认为 0xFF，表示任意序号的红外测距传感器。

返回值：无。

头文件：使用本函数需要包含"distance.h"。

在实际应用中，用户可以在任何需要弹出红外测距传感器信息的时候调用 Distance::showOut()。

可以按照实验 2.4 的步骤做人体红外传感器数据显示实验，本教材提供了参考程序，路径如下：

物联网高级实践技术\CODE\附录\Exf3_Distance

4. 烟雾传感器

有一个接口函数被封装在一个称做 Smoke 的类中，这个接口函数可以让用户在 Qt 环境下弹出用于显示烟雾传感器信息窗口，它的详细介绍如下：

函数原型：void Smoke::showOut(const QString &ip, quint8 id=0xFF);

功能：显示指定序号的烟雾传感器的信息。

参数：

- ip：运行服务程序的网关(计算机)的 IP 地址。
- id：烟雾传感器序号，默认为 0xFF，表示任意序号的烟雾传感器。

返回值：无。

头文件：使用本函数需要包含"smoke.h"。

在实际应用中，用户可以在任何需要弹出烟雾传感器信息的时候调用 smoke::showOut()。

可以按照实验 2.4 的步骤做人体红外传感器数据显示实验，本教材提供了参考程序，路径如下：

物联网高级实践技术\CODE\附录\Exf4_Smoke

5. 语音传感器

有一个接口函数被封装在一个称做 Voice 的类中，这个接口函数可以让用户在 Qt 环境下弹出用于显示语音传感器信息窗口，它的详细介绍如下：

函数原型：void Voice::showOut(const QString &ip, quint8 id=0xFF);

功能：显示指定序号的语音传感器的信息。

参数：

- ip：运行服务程序的网关(计算机)的 IP 地址。
- id：语音传感器序号，默认为 0xFF，表示任意序号的语音传感器。

返回值：无。

头文件：使用本函数需要包含"voice.h"。

可以按照实验 2.4 的步骤做人体红外传感器数据显示实验，本教材提供了参考程序，路径如下：

物联网高级实践技术\CODE\附录\Exf5_Voice

6. 火焰传感器

有一个接口函数被封装在一个称做 Fire 的类中，这个接口函数可以让用户在 Qt 环境下弹出用于显示火焰传感器信息窗口，它的详细介绍如下：

函数原型：void Fire::showOut(const QString &ip, quint8 id=0xFF);

功能：显示指定序号的火焰传感器的信息。

参数：

- ip：运行服务程序的网关(计算机)的 IP 地址。
- id：火焰传感器序号，默认为 0xFF，表示任意序号的火焰传感器。

返回值：无。

头文件：使用本函数需要包含"fire.h"。

可以按照实验 2.4 的步骤做人体红外传感器数据显示实验，本教材提供了参考程序，路径如下：

物联网高级实践技术\CODE\附录\Exf6_Fire

参 考 文 献

[1] 余成波,李洪兵,陶红艳.物联网:无线传感器网络实用教程.北京:清华大学出版社,2012.

[2] 任勇,徐朝农,安竹林,等.物联网实验教程.北京:机械工业出版社,2011.

[3] 黄玉兰.物联网:射频识别(RFID)核心技术详解.2版.北京:人民邮电出版社,2012.

[4] 刘海涛.物联网技术应用.北京:机械工业出版社,2011.

[5] 王汝林.物联网基础及应用.北京:清华大学出版社,2011.

[6] 高建良,贺建飚.物联网RFID原理与技术.北京:电子工业出版社,2013.

[7] 徐勇军,刘禹,王峰.物联网关键技术.北京:电子工业出版社,2012.

[8] 郑军,张宝贤.无线传感器网络技术.北京:机械工业出版社,2012.

[9] 王志良,王新平.物联网工程实训教程:实验、案例和习题解答.北京:机械工业出版社,2011.

[10] 贾灵,王薪宇,郑淑军.物联网/无线传感网原理与实践.北京:北京航空航天大学出版社,2011.

[11] 薛燕红.物联网:物联网技术及应用.北京:清华大学出版社,2012.

[12] 鄂旭,王志良,杨玉强.物联网关键技术及应用.北京:清华大学出版社,2013.

[13] 张春红,裘晓峰,夏海轮,等.物联网技术与应用.北京:人民邮电出版社,2011.

[14] 王小强,欧阳骏,黄宁淋,等.ZigBee无线传感器网络设计与实现.北京:化学工业出版社,2012.

[15] 杨恒.物联网:最新物联网实用开发技术.北京:清华大学出版社,2012.

[16] 孙颖.物联网核心技术及应用.辽宁:东北大学出版社,2012.

[17] 张鸿涛,徐连明,张一文.物联网关键技术及系统应用.北京:机械工业出版社,2011.

[18] 熊茂华,熊昕.物联网技术与应用开发.陕西:西安电子科技大学出版社,2012.

[19] 张凯,张雯婷.物联网:物联网导论学习与实验指导.北京:清华大学出版社,2012.

[20] 石志国,王志良,丁大伟.物联网技术与应用.北京:清华大学出版社,2012.

[21] 赵国安.传感网实验教程.北京:科学出版社,2011.

[22] 黄玉兰.物联网射频识别(RFID)技术与应用.北京:人民邮电出版社,2013.

[23] 俞建峰.物联网工程开发与实践.北京:人民邮电出版社,2013.

[24] 黄玉兰.物联网核心技术.北京:机械工业出版社,2011.

[25] 于宝明,金明.物联网技术与应用.江苏:东南大学出版社,2012.

[26] 镇维,廖勇,齐俊杰,等.物联网技术及应用.北京:国防工业出版社,2011.

[27] 李建功,王健全,王晶,等.物联网关键技术与应用.北京:机械工业出版社,2013.

[28] 王洪泊.物联网射频识别技术.北京:清华大学出版社,2013.

[29] 乔平安.物联网组网技术.北京:中国铁道出版社,2013.

[30] 彭力.物联网工程实验指导书.北京:化学工业出版社,2012.

[31] 徐颖秦.物联网技术及应用.北京:机械工业出版社,2012.

[32] 张新程,付航,李天璞,等.物联网关键技术.北京:人民邮电出版社,2011.

[33] 王永恒,张小明,李朱峰.物联网实验.北京:北京邮电大学出版社,2013.

[34] 高飞,薛艳明,王爱华.物联网核心技术:RFID原理与应用.北京:人民邮电出版社,2010.

[35] 崔逊学,左从菊,高浩珉.物联网技术案例教程.北京:北京大学出版社,2013.

[36] 无线龙.高频RFID技术高级教程.北京:冶金工业出版社,2012.

[37] 范茂军.物联网与传感网工程实践.北京:电子工业出版社,2013.

[38] 王志良,闫纪铮.普通高等学校物联网工程专业知识体系和课程规划.陕西:西安电子科技大学出版社,2011.

[39] 教育部高等学校计算机科学与技术专业教学指导分委员会.高等学校物联网工程专业实践教学体系与规范(试行).北京:机械工业出版社,2012.